U0122824

兒難雜症

匯兒兒科醫生團隊 著
陳欣永醫生・陳強杰醫生・蔡榮豪醫生
胡振斌醫生・陳亦俊醫生・徐　傑醫生
徐梓筠醫生・林嘉儀醫生・陳延珮醫生
蔡穎怡醫生

匯兒兒科醫生團隊

陳欣永醫生
兒科專科醫生

陳強杰醫生
兒科專科醫生

蔡榮豪醫生
兒科專科醫生

胡振斌醫生
兒科專科醫生

陳亦俊醫生
兒科專科醫生

徐傑醫生
兒科專科醫生

徐梓筠醫生
兒科專科醫生

林嘉儀醫生
兒科專科醫生

陳延珮醫生
兒科專科醫生

蔡穎怡醫生
精神科專科醫生

序

回想當初我成立「匯兒兒科醫務中心」的初心，是希望作為兒科醫生，除了可以幫助小朋友處理兒科專科範疇內的疾病以外，同時也可以幫助家長處理其他與小朋友相關的大小問題。不管是兒童行為心理的情況，如經常發脾氣、上課不集中、時常坐不定；或擔心有否學習問題如讀寫障礙，是否患有過度活躍症、自閉症，以及整體發展遲緩等，「匯兒」也可以幫忙。繼而想到還有很多其他與小朋友息息相關的健康問題，如牙齒健康、兒童外科、骨科、眼科或耳鼻喉科等，其實對兒童的健康成長也同樣重要。因此便努力朝着這個方向去發展一個可以提供一站式兒科醫療服務的醫務中心。當日取「匯兒」這個名字的原因正是希望能「匯」聚不同的「兒」科專業人才，為小朋友提供全面的醫療服務，陪伴孩子每個成長階段。

我每天於醫院及診所接觸不同類型的個案，發現當小朋友生病時不僅是他本身因患病而受苦，往往其父母以至整個家庭也同樣受到重大的影響。尤其是初為家長的新手爸媽，不管是寶寶第一次生病發燒，又或是皮膚上出現紅疹，甚至寶寶睡覺時不時抖動數下或經常打噴嚏等，也會異常緊張。正因如此，便驅使我數年前出版了第一本個人著作《孕育健康 BB ！醫生爸爸 100 個育兒你問我答》。我很開心拙作能幫助到不少家長，特別是新手父母消除一些不必要的憂慮。不少父母向我表示於寶寶出生前已經閱讀過該書數次，以為照顧寶寶作最好的準備。這些正面的回應給予我很大的鼓勵，使我有動力繼續努力向前發展。

現時匯兒兒科醫療團隊擁有多位具有豐富臨牀經驗的兒科專科醫生，及其他兒科發展、心理與健康相關的專業成員。《兒難雜症》這書正是匯兒兒科團隊集合各人多年臨牀診症經驗，總結不同類型的個案，嚴選出眾多家長父母所擔心的疑問，或部分較為罕見、有趣的問題，由初生嬰兒階段到不同的成長過程中有機會遇到的疑難，一一與大家分享及解答。當然此書不可能把所有「兒」難雜症盡錄，但我們相信此書能幫助各位家長更加了解不同的兒科疾病，並懂得適時就醫，讓孩子及早得到適當的治療。在此亦衷心希望匯兒兒科團隊能繼續向前發展，為大小家庭和兒童提供優質及全面的醫療服務，並期待將來有機會看到《兒難雜症》延續篇的出現。

陳欣永醫生

2024 年 3 月

目錄

第二章　幼童成長篇

第三章　兒童發展及生長發育篇

第四章　過敏疾病篇

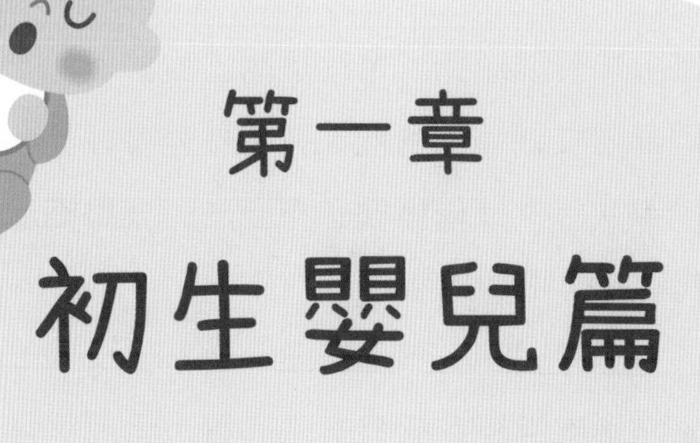

第一章

初生嬰兒篇

1. 寶寶手腳不時突然抽搐一兩下，有時候整個身體也會出現震顫情況，會是癲癇嗎？

陳欣永醫生

有些父母可能發現幼兒，尤其是剛出生的嬰兒，身體和四肢偶然會出現陣發性抽搐的情況，有時是輕微抽動一下，有時更會連續抽動數次。令父母最擔心不已的，就是不能確定震顫是否正常，或屬於嬰兒癲癇症。

由於嬰兒的腦部神經系統發育未完善，因此經常會出現一些生理性的肌肉震顫情況。一般常見於睡眠初期或淺睡期間，全身或手腳一側出現陣攣性抽動。另外，初生嬰兒較常出現全身或局部的反射性驚跳顫抖反應，特別是由突然的觸覺刺激誘發，如更換衣服、尿布。這是由於嬰兒運動條件反射發育未完善，以及初生嬰兒需要時間適應出生後的不同環境刺激，如聲音、光線、觸覺等，因此這類反應常見於四至六周前的嬰兒。

其次，早產嬰兒、體重偏輕或母親血糖高而引致新生兒血糖過低、嬰兒血鈣過低，和母親懷孕時服用某類鎮靜劑或精神科藥物，都可能引致新生兒出現震顫情況。

除生理性或良性的肌肉震顫外，病理性原因如初生嬰兒癲癎症、嬰兒點頭痙攣症 (Infantile Spasm)、小腦病變而引起的震顫型腦癱等亦有可能導致嬰兒出現震顫情況。要分辨清楚成因，父母首先要注意嬰兒的精神狀態：到底抽搐或震顫時嬰兒是清醒或是處於神志不清、發呆狀態；臉上皮膚顏色有否呈現發紫或蒼白；發作時，到底是在睡眠狀態、剛入睡或睡醒後，或在興奮狀態時才出現。

其次，要注意抽搐的身體部位是全身性，如頭部及四肢同時抽搐，或是局部性，如半邊身體，只是單手、單腳、頭頸及眼球傾側一邊，或是點頭式抽搐。此外，還要注意抽搐震顫的頻率及次數，到底是偶發性一次抑或數次、有否出現規律性抽搐，如每秒一下而持續數分鐘。還有一些較特別的情況，如初生嬰兒出現規律式的打嗝，或雙腳持續出現踏單車式抽動，亦可以是癲癎發作的表現。

父母若有任何疑問或懷疑，建議先拍下嬰兒抽搐的影片，然後找兒科腦科專科醫生作詳細檢查。若醫生有任何懷疑，便會安排全面的檢驗，如腦電圖 (EEG)、腦部磁力共振 (MRI Brain)、血液包括血糖、血鈣、維他命 D 檢測，及尿液代謝病檢測等。

2. 換尿布時發現女嬰陰道出血，是弄傷了，還是嬰兒經期？

蔡榮豪醫生

請安心，初生女嬰在出世後一至兩星期內，由於受到母體的女性激素影響，陰道有機會流出有血的分泌液體。通常幾天後便會消失，對於嬰孩健康絕對沒有影響。

如果有血的分泌物愈來愈多的話，便需請教你的家庭醫生作出進一步的檢查，確定是否有尿道炎、過敏性皮膚炎，或罕有的先天結構血缺陷等問題。

3. 寶寶脷筋看來比較短，是否有「黐脷筋」的情況？要立刻處理？

陳強杰醫生

舌繫帶過短 (Ankyloglossia or Tongue Tie) 的發生機率大約為 1% - 10%，在醫學上沒有一個標準客觀的定義。男女比例大約 2：1，大部分是偶發性的，而小部分可以是基因遺傳所致。舌繫帶過短包括以下臨牀特徵：

- 異常短小的舌繫帶，連接於舌尖或舌尖附近
- 舌頭不能向上升至上牙槽
- 舌頭不能伸出過下門牙 1 至 2 毫米（或者下中牙槽）
- 舌頭左右水平活動幅度受限制
- 當舌頭伸出時，形狀凹下或是呈現「心形脷」
- 檢查者若不能把手指放在初生嬰兒的舌頭底部和顎骨牙槽之間，也可以界定為舌繫帶過短

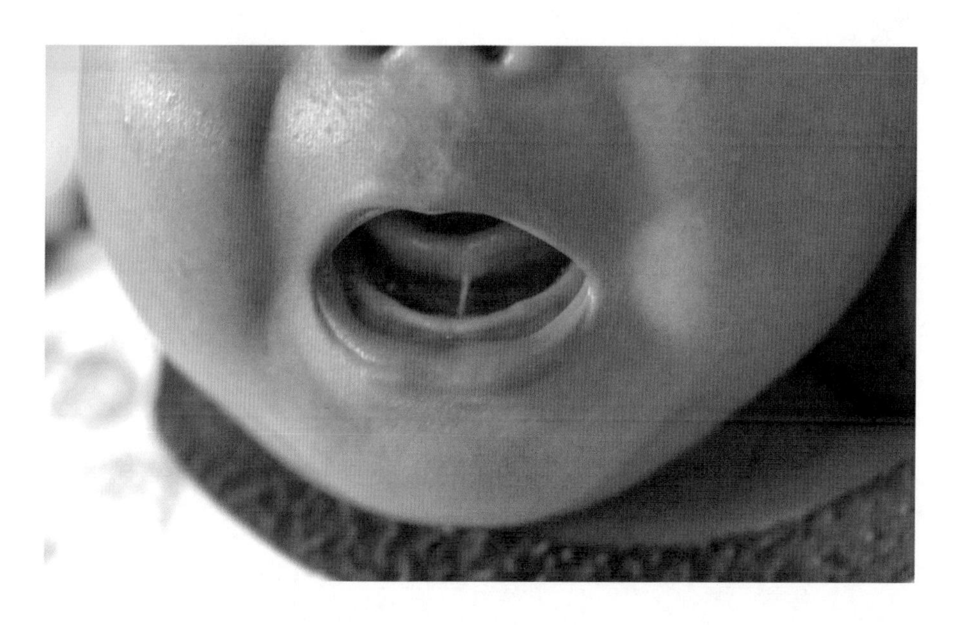

舌繫帶過短是不是一定有問題呢？若有的話，又是什麼問題？其實與它相關的潛在問題最主要是母乳餵哺、說話發音和某些特別的口部動作有所限制。在媽媽餵哺有舌繫帶過短的嬰兒時，由於嬰兒的舌頭活動受限制，有可能令他的嘴巴不能完全包裹媽媽的乳頭，而導致吸吮不夠力或人奶漏出；亦有可能令嬰兒咬實媽媽的乳頭，而令媽媽疼痛甚或受傷。而在發音方面，有些音節需要把舌頭伸出或捲起，所以有機會令到發音不準。另外，舌頭的活動能力在舔雪糕、接吻和吹奏管樂器也有相當重要的角色，因此上述這些動作也有可能受影響。不過，要強調一點，就是以上提及的潛在問題，不是一定會發生。

我們知道舌繫帶過短的自然發展流程 (Natural History) 是不能預計的，因此處理方法也沒有一致共識。我曾遇過兩個極端的例子。那次我檢查完嬰兒（剛剛出生，媽媽還在手術室），當我告之爸爸嬰兒有舌繫帶過短，爸爸聽到之後便立刻說：「不用說啦！我自己都有，現在都無問題，請你說其他。」反之，另外一次的經驗，是當我第一次會見嬰兒的家長時，祖父母也在場。祖母說：「醫生，我們家族每個都有這情況，請你盡快安排剪掉，我不想他『黐脷筋』。」

我們知道處理「黐脷筋」的方法，坊間沒有一致共識。當然，若果是餵哺母乳出現問題，可以找哺乳顧問 (Lactation Consultant) 評估和給意見。若是發音問題，則需要找言語治療師作評估和訓練。而至於做手術的話，何時進行也可以有很大差別。有些在剛剛出生之後，出院回家前便已進行；但亦有些會採取觀望態度。

做手術方面，家長要明白手術的目的只是改善舌頭活動能力，而不是矯正外觀，更加不能保證做完手術後能咬字清楚、字正腔圓。若果是早期（3 個月或以下），小兒外科醫生可以在診所內，和不需要麻醉藥情況之下完成，而且完成之後可以立刻喝奶。但是當嬰兒超過 3 個月大，則大部分都要全身麻醉，亦因此需要在手術室進行。

我個人建議若是有舌繫帶過短，可以先觀察一個月，看看餵哺母乳有沒有問題，然後才再作決定。

4. 寶寶出生後，額頭及眼皮有很深色的紅斑，甚至頭皮及頸皮也出現，是胎記嗎？

徐梓筠醫生

有些寶寶一出生，在臉上便有一些紅色的胎記，它們常被稱為「天使的吻」，是對孩子的祝福。但這些「祝福」，有一些會隨着時間而褪色，但是有一些卻會愈來愈明顯。究竟是怎麼回事呢？

胎記的形成？

胎記是一出生或出生後不久在皮膚出現的有顏色的印記。胎記大致上可分為紅色與黑色兩種類型。「黑色胎記」是由於黑色素細胞生成過多，「紅色胎記」則是由於血管擴張或血管增生所造成。胎記確切的成因不明，估計可能是胚胎發育時期基因突變所致。幸而，大部分胎記也沒有遺傳性，並且是無痛無害。在極少數的情況下，胎記可能會引發併發症，或者是與其他系統性疾病或綜合症有關聯。

「先天性胎記」不是天生嗎？

所謂的先天性胎記，大部分的確是一出生便會在皮膚上看得到。不過有部分胎記卻是潛藏在皮膚底層，在出生的時候看不到或者是不明顯，但是在出生後數周或者數月後便會漸漸浮現。

以下我們介紹一下「紅色胎記」——三文魚色斑、葡萄酒色斑、士多啤梨痣是在嬰兒時期較常見的血管性良性胎記。

1. 三文魚色斑（Macular Stain / Salmon Patch / Stork Bite / Angel Kiss）

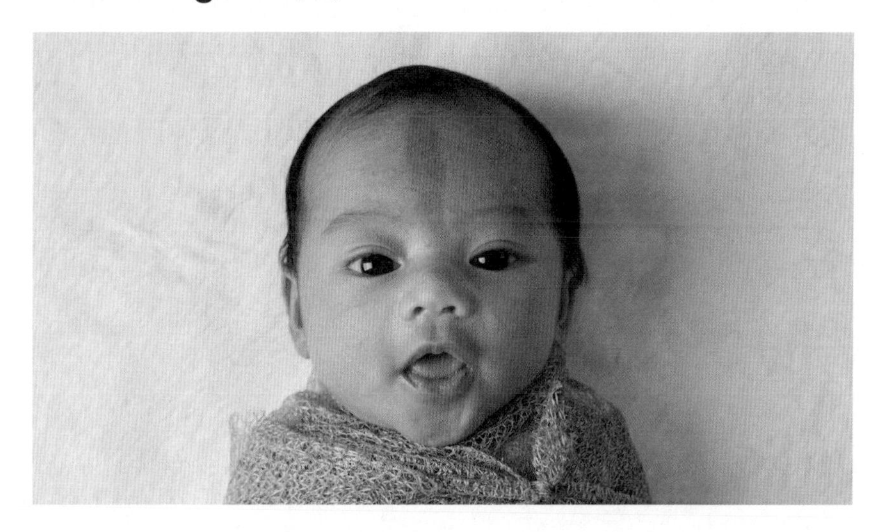

三文魚色斑為新生兒最常見的胎記，這是由於皮膚微血管擴張所引致，大約在 40% - 60% 的新生兒身上找到。常出現在後頸部、上眼皮、眉心、額頭 (大多是兩側對稱)，較小部分會出現在頭皮、鼻子、嘴唇或者背部。多數三文魚色斑在幼兒 1 至 2 歲前會慢慢消失或者明顯減淡，所以一般也不需接受治療。有部分出現在後頸部的三文魚色斑則會終生存在，但是顏色不會再變深。

2. 葡萄酒色斑 (Port Wine Stain / Naevus Flammeus)

葡萄酒色斑相對來說較為少見，發生率大約 0.1% - 0.3%，這是由於真皮層微血管和微血管後的小靜脈血管畸形所造成。它們大多發生在頭頸部的「單側」，但是葡萄酒色斑並不會自行消失，會終生存在，他們會隨着孩子長大而變大，變得愈來愈深色或者出現結節的情況。

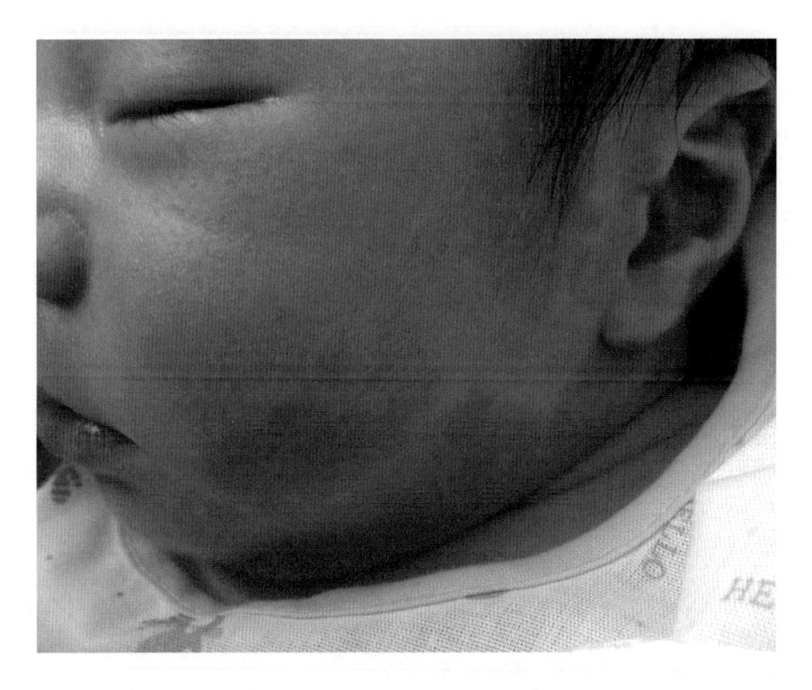

它們是良性的胎記，而且大部分是單獨的皮膚病變。然而部分患者會合併其他複雜的症候群，例如：「斯特基－韋伯症候群」(Sturge-Weber Syndrome)，此為顏面三叉神經區域葡萄酒色斑伴隨同側腦膜血管瘤病，嚴重者可能會合併癲癇、智障、半側癱瘓、青光眼等。另外，如果葡萄酒色斑分佈在四肢，就要注意有否同時患上「可立普－崔羅雷－韋伯氏症候群」(Klippel-Trénaunay-Weber Syndrome)，患者同側肢體軟組織會變得肥厚。

由於葡萄酒色斑並不會自然消失，可能會影響外觀，對小朋友的自信心和心理健康造成不同程度的影響。因此建議小朋友能夠及早接受雷射治療，例如：患者在嬰兒時期開始分次接受染料雷射 (Pulse Dye Laser)。因為年紀愈小，皮膚較薄，胎記位置較表淺，血管擴張也較小。隨着年齡增長，皮膚變厚，胎記顏色變深，需較多次治療才能清除。大約 70% 接受雷射治療的患者，葡萄酒色斑會有明顯的改善。

3. 士多啤梨痣 / 草莓樣血管瘤（Strawberry Naevus/ Infantile Haemangioma）

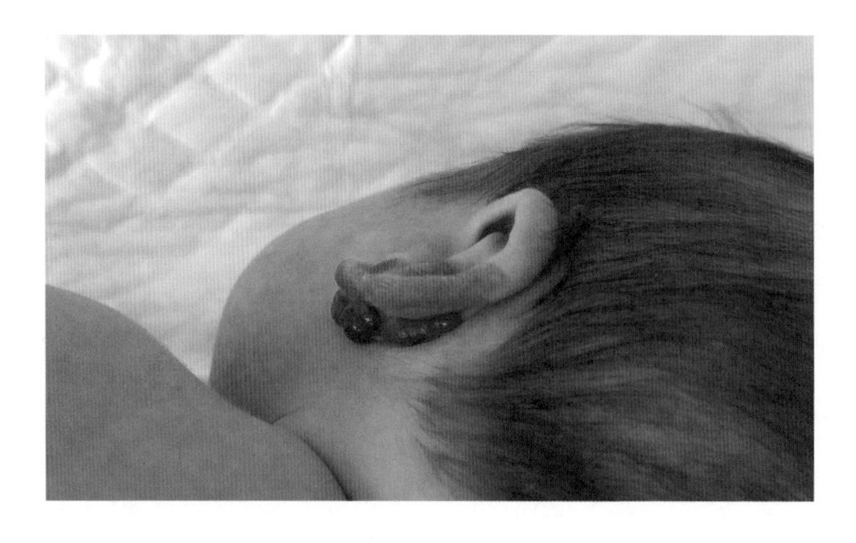

正確名稱應該是「嬰兒血管瘤」，是嬰兒時期最常見的良性腫瘤。因為外觀鮮紅奪目，和士多啤梨的外觀相似，所以這種血管瘤亦被稱為「士多啤梨痣 / 草莓樣血管瘤」。新生兒發生率約 5% - 10%。他們大多在出生時不明顯，然後在出生後 3 至 5 周漸漸冒出。通常開始只是一小塊毛細血管樣的紅斑，及後因血管內皮細胞異常增生，快速變大成為腫瘤。這種嬰兒血管瘤的增生期為出生的首 6 至 12 個月，一般在 1 歲後開始逐漸消退。至於血管腫瘤需要多少年才完全消失，就要視乎血管瘤的大小和皮下的深淺位置。另外，即使血管瘤漸漸消退，那曾受影響的皮膚大多不能夠回復到完全正常和平滑的狀態，一般也會有些色素轉變、皮膚變皺等。

嬰兒血管瘤大多不用治療，除非影響重要器官或功能，又或是影響範圍較大，才建議積極治療，例如：長在鼻子影響呼吸，長在嘴巴影響進食，長在眼皮影響視力，長於關節附近妨礙活動等。在早 20 年前，嚴重的血管瘤可能需要用上口服類固醇或是手術治療，但在近期多項的國際研究報告顯示，

beta 阻斷劑能夠有效促進嬰兒血管瘤的萎縮，所以現時口服 Propranolol 為治療血管瘤的一線藥物。如果血管瘤所涉及的範圍較細，及生長在皮膚較表淺的位置，外塗 Timolol 也是一個很好的選擇。至於確實需要用什麼藥物，要用多久的時間，就要視乎每個胎記的情況而定。

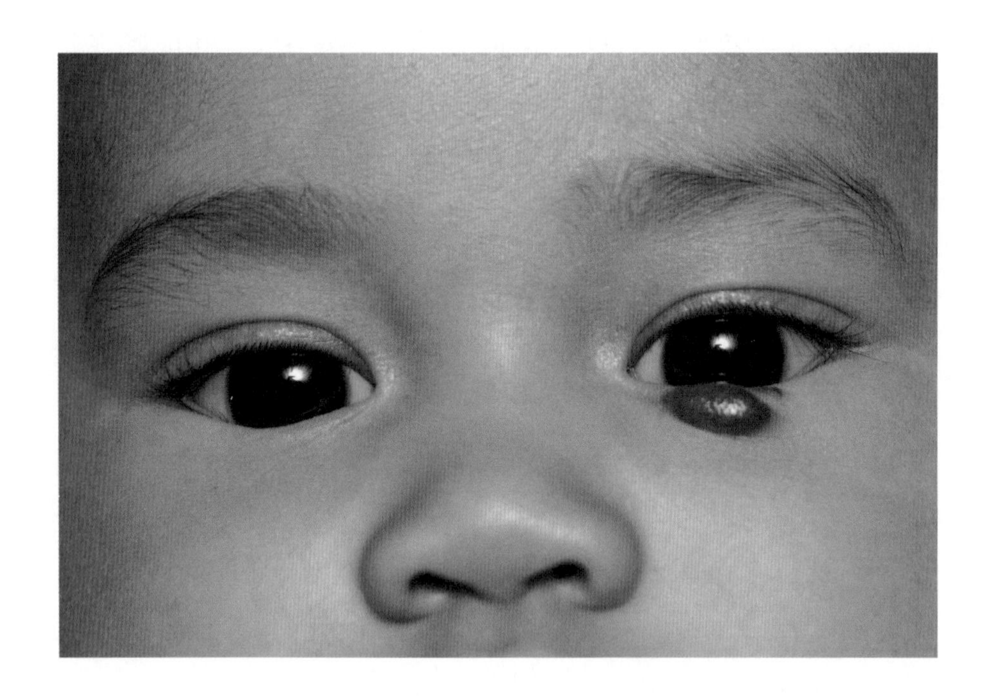

另外，如果血管腫瘤上有破皮或潰瘍，便要注意傷口清潔和建議盡早帶小朋友去看醫生。而雷射治療對於改善血管瘤或其消退後的殘餘痕迹也有正面的幫助。

若果寶寶身上有胎記，而父母又不清楚它們是什麼，建議向你們的兒科醫生查詢。

5. 寶寶經常淚眼汪汪，有時候出現眼膠及黃色分泌物，是淚管閉塞還是發炎？

陳延珮醫生

寶寶淚眼汪汪的原因很多，除了眼睛外傷，多為先天性異常，例如鼻淚管發育異常（包括先天性鼻淚管阻塞、淚點或淚小管發育不良）、眼皮發育異常（包括內贅皮、眼瞼內外翻、睫毛倒生）及眼睛的疾病（如青光眼）等。其中最常見的原因就是鼻淚管阻塞。

眼淚有保護眼球、潤滑角膜、排除眼睛雜質等功能。正常情況下眼淚會從淚腺持續適當地分泌，之後再經由眼角內側的鼻淚管引流至鼻腔排出，這樣才不會導致淚水淤積。一旦排出淚水的鼻淚管系統阻塞，眼睛表面便會積水，形成所謂的「溢淚現象」，造成淚流不止、眼睛不舒服、視線模糊、分泌物增加、紅腫痛等症狀，這就是鼻淚管阻塞。

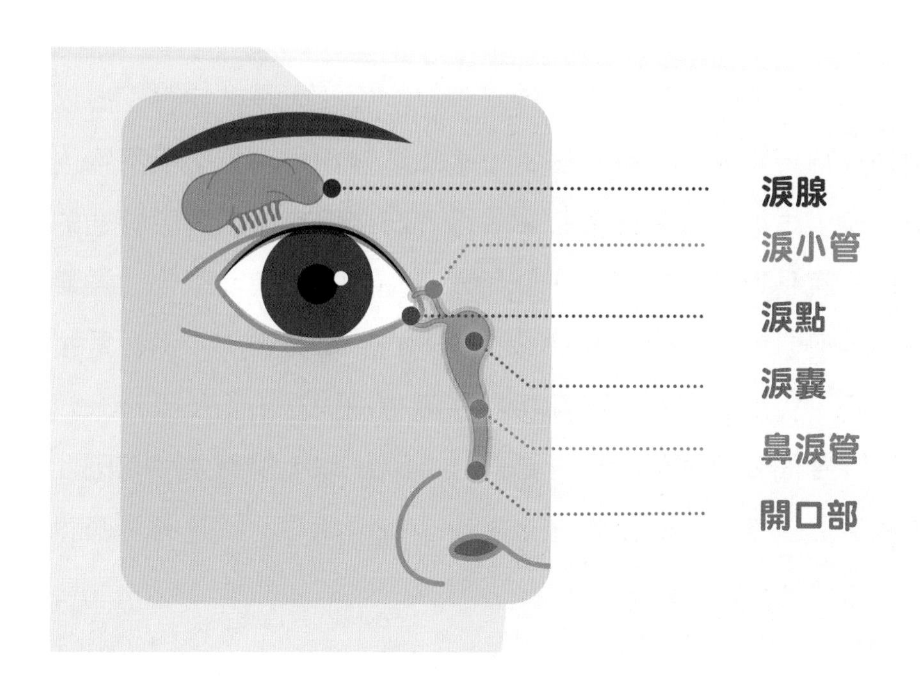

根據統計，約有 5% 的新生兒會有鼻淚管阻塞的現象。先天性鼻淚管阻塞最常見的原因，是由於新生兒的鼻淚管結構未發育完全，通常是鼻淚管在鼻腔出口處包覆了一層膜未打開，因此淚水無法排出。這一層膜通常在 1 歲以前會自行打開，若沒有開，就會造成持續流淚，需要進一步治療。臨牀看起來就是淚眼汪汪，有時還會合併結膜炎，有眼紅及眼屎的現象，嚴重甚至會引起急性淚囊炎。

針對先天性鼻淚管阻塞的新生兒，由於大多數病患 1 歲以前均會自行痊癒，所以建議在 1 歲以前使用局部抗生素藥物治療感染，再加上淚囊加壓按摩，達到讓出口包覆的薄膜開通的目的。家長以洗淨的雙手，利用食指指腹，由上而下，自淚囊往鼻淚管方向按摩（即按摩鼻樑兩側），每天數次，每次重複五六下，目的就是利用按摩擠壓所產生的內壓，將鼻淚管末端的薄膜撐開，原理就像擠牙膏一樣。95% 以上的新生兒可因此治癒，其餘 5% 的幼兒若在 1 歲以上持續流淚，則要轉介眼科醫生考慮進一步手術治療。

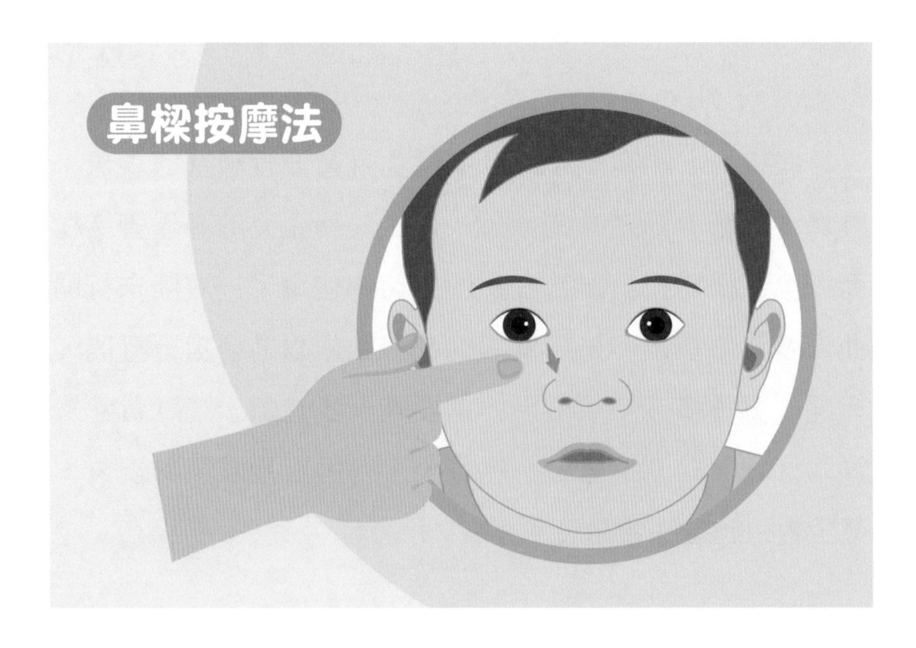

6. 聽說男嬰出生後可立刻進行割包皮手術，需要嗎？

徐傑醫生

很多家長都想知道男孩子是不是一定要割包皮。包皮是男性生殖器的一部分，是覆蓋在龜頭周圍的皮膚，可以完全或部分地包裹着龜頭。包皮的功能是保護龜頭免受外界刺激和感染的侵害。在青春期後，包皮可以滑動，以暴露龜頭，使清潔變得更容易。

有時候，包皮可能會過長或者有包莖情況，因此可能會導致難於清潔，從而誘發細菌感染。如果反覆出現這個情況，就可能需要考慮包皮割除術。這是一種常見的外科手術，以解決包皮狹窄、包皮過長或其他相關問題。

初生嬰兒的包皮通常會覆蓋住龜頭，這是正常的。一般而言，初生嬰兒不會立即進行包皮手術，除非存在嚴重的醫療問題或宗教因素。對於大多數嬰兒來說，包皮問題可能會在幾年後自行解決。然而，如果包皮問題導致尿道口炎症、尿道狹窄或其他相關問題，醫生可能會建議進行手術。

孩子是否需要包皮手術應該由醫生來判斷。如果對幼兒是否需進行割包皮手術有疑慮，建議諮詢你的兒科專科醫生或小兒外科專科醫生。他們可以評估嬰兒的情況並提供適當的建議。

7. 寶寶經常偏側一邊睡覺，發現頭形變得如菱形般畸形，需要佩戴頭盔矯形嗎？

陳欣永醫生

這情況稱為「扁頭綜合症」，意指嬰兒頭骨後位或側位出現不同程度的扁平畸形。由於初生嬰兒頭部骨頭比較細軟，容易變形，因此假若嬰兒頭骨某部分持續受壓，例如長時期仰睡或只喜歡朝着同一個方向看或躺睡，便容易造成頭骨扁平的情況出現。

扁頭綜合症的類型包括：斜頭 (Plagiocephaly)、扁頭 (Brachycephaly)、不對稱性扁頭（斜頭與扁頭的組合）及長頭 (Scaphycephaly)。當中最常見的類型為斜頭，也稱為「位置性扁頭」。由於頭部的同一位置長期受壓，而導致頭的一側平坦變形，令臉部出現不對稱的可能。父母俯視頭形時會發現耳朵位置及兩邊眼睛、臉頰的尺寸不同，形狀如菱形一般。患有斜頸症的嬰兒較常出現斜頭的情況。斜頸症是由於胸鎖乳突肌縮短所致，大多數因為分娩創傷引起。若分娩時出現嚴重問題，如肩難產引致鎖骨骨折，胸鎖乳突肌更有可能形成良性肌肉瘤，需要轉介兒童物理治療師，為寶寶進行頸部肌肉拉扯治療，以改善斜頸症情況，此時出現斜頭的機會便更大。

至於另一類扁頭則是後腦位置扁平，常見於肌肉張力較低，而經常仰睡及活動不多的嬰兒身上。長頭則較常見於早產嬰兒，由於需要長時間於醫院接受特別護理，他們會經常側躺着以方便監察及使用儀器，正因他們的頭骨特別脆弱，故容易引致兩邊骨頭變形。

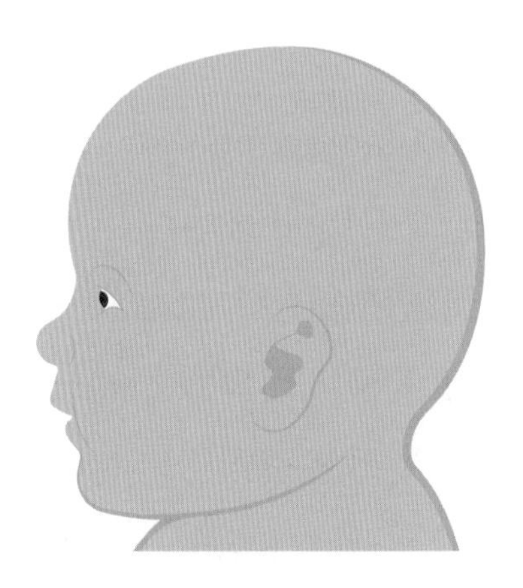

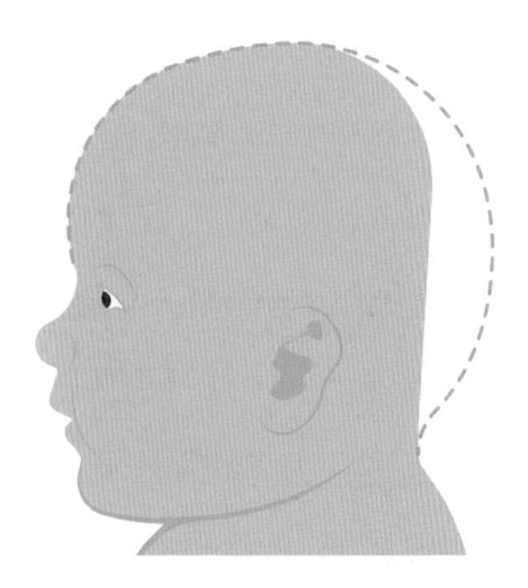

對於寶寶的影響方面，暫時並沒有醫學研究證明偏頭綜合症對寶寶的腦神經發展有持續性的傷害，但由於顱骨不對稱影響頭部的自然結構，扁頭有可能影響嬰兒眼睛及耳朵的平衡發展，引起如散光或聽力問題。加上畸形的頭形影響外觀，孩子長大後有機會出現心理及社交等問題。

一般而言，頭骨約八成的成長都在出生起的首年內進行，其後增長速度會從第 12 至 18 個月期間慢下來。頭骨大約於第 18 至 24 個月的時候定形。若希望改善扁頭情況，由於嬰兒於 4 個月大前仍未有足夠能力及力氣去自行轉動身體，因此家長嘗試改變其卧姿方向有機會能幫助孩子改善扁頭。但當 4 個月以上的嬰兒，開始能自由改變卧姿及移動時，父母便較難自行處理。若此時希望能改變的話，便需要接受矯形頭盔治療。

頭盔治療的成效結果取決於髗門有否關閉、寶寶的成長速度，以及父母有多遵守指引為寶寶佩戴頭盔。黃金治療的時間為 4 至 8 個月大的嬰兒，因為頭部於首 6 個月正迅速成長，愈早接受治療可減少整體治療時間及增加成功機率。一般治療時間為 3 至 5 個月。治療期間並不會擠壓嬰兒的頭部，反之頭盔主要作用為提供空間，引導扁平了的頭骨往原來應有的方向成長。因此睡覺時亦要佩戴，但大部分嬰兒只需數天便能輕易適應下來。

若果希望預防扁頭綜合症的出現，父母可以時常在有監督的情況下為寶寶進行俯臥時間，俗稱 Tummy Time 的鍛煉運動。另外，亦應經常改變寶寶睡眠時頭部的方向，以防止扁頭的情況發生。等待嬰兒適合使用枕頭時，亦可選擇能改善頭形的枕頭使用。如有任何問題，應及早諮詢兒科醫生意見，從而作出適當治療。

8. 寶寶有黃疸已經持續一個月了，為何兒科醫生現時才安排為寶寶驗血？寶寶的身體有問題嗎？

陳強杰醫生

足月嬰兒，若出生後兩星期，血液的膽紅素高於 85 µmol/L 以上，便會被界定為延長性黃疸 (Prolonged Jaundice)；至於早產嬰兒，評估時間則為出生後三星期。延長性黃疸有別於新生嬰兒生理性黃疸 (Newborn Physiological Jaundice)，無論在原因和處理方法也有不同。

大約 2% - 25% 的新生嬰兒，和約 40% 全母乳餵哺新生嬰兒會有延長性黃疸。由於有很多不同原因可以導致延長性黃疸，兒科醫生需要對嬰兒作詳細病歷了解、身體檢查，以找出原因。在評估之後，若有需要，便會建議抽血檢驗直接膽紅素 (Direct Bilirubin) 及總膽紅素 (Total Bilirubin) 的比例。在眾多延長性黃疸的原因之中，以母乳性黃疸 (Breast Milk Jaundice) 最為常見。抽血檢驗最主要是排除膽汁鬱積 (Cholestasis)，因為這個情況需要盡早處理。而且，母乳性黃疸需要在確定了血液直接膽紅素或總膽紅素比例在正常接受範圍之後，才可斷定。除了母乳性黃疸和膽汁鬱積以外，還有很多其他原因可以引致延長性黃疸。所以醫生會在評估嬰兒情況之後再決定除了檢驗膽紅素之外，是否還需更多檢驗，以排除其他情況，如甲狀腺問題和敗血症等。

一般情況之下，新生嬰兒生理性黃疸的治療方法是照光治療 (Phototherapy)，而交換輸血治療 (Exchange Transfusion) 只會在膽紅素處於極高水平，高於 428 µmol/L 才進行。至於延長性黃疸，若是母乳性黃疸所致，只需持續監察膽紅素趨勢便足夠。有些父母會選擇暫停餵哺母乳，以換取母乳性黃疸盡早消退，這做法其實是不必要的。母乳帶給寶寶的好處遠超它引致的不便。

順帶一提，餵哺母乳的好處多不勝數。它是對寶寶的最佳營養選擇，令寶寶減低患上哮喘、濕疹、肥胖、一型糖尿病的風險，增強腸道和消化道的免疫力，亦可以令寶寶智商有所提升。它還可降低媽媽患乳癌、卵巢癌、二型糖尿病、血壓高的機會，亦同時有修身的效果。但謹記母親餵哺母乳與否，先決條件是她必須於生理上、心理上適合。我們必須尊重每個母親的最終選擇。

9. 寶寶經常「鬥雞眼」，看東西像沒有焦點般，是視力有問題嗎？

蔡榮豪醫生

初生寶寶的視力發展會不斷變化和出現階段性的突破。細小的瞳孔引入光線，令視覺神經受到刺激而產生視像。寶寶由最初只感受到光線的強弱，到逐漸看到清晰的影像，了解到周圍的環境，進而作出有趣的反應。

初生嬰兒直到滿月都只會感受到光線的強弱而沒有影像，雙眼好似沒有焦點。不過隨着眼球和感光能力的發展，寶寶在 2 至 3 個月大時雙眼開始會聚焦，和懂得追蹤着家人的面孔展露微笑。寶寶通常對於強光和鮮色的物件特別有興趣，會出現一些大的反應動作。細心觀察寶寶的成長，會察覺他們對聲音的反應、手腳的動作和視力發展是互相協調的。眼手動作在 6 個月大已經非常明顯，寶寶多和家人互動更能培育小孩的全面發展。

在寶寶成長路上，需注意做眼睛和視力評估檢查，通常會安排在注射疫苗時作定時檢查。初生嬰兒的眼球檢查有助排除先天的疾病，例如白內障、青光眼或瞳孔缺陷。當寶寶 9 至 12 個月大，若有斜視、側頭或眼手動作協調不佳的情況出現，必須找醫生作進一步檢查以確定原因。

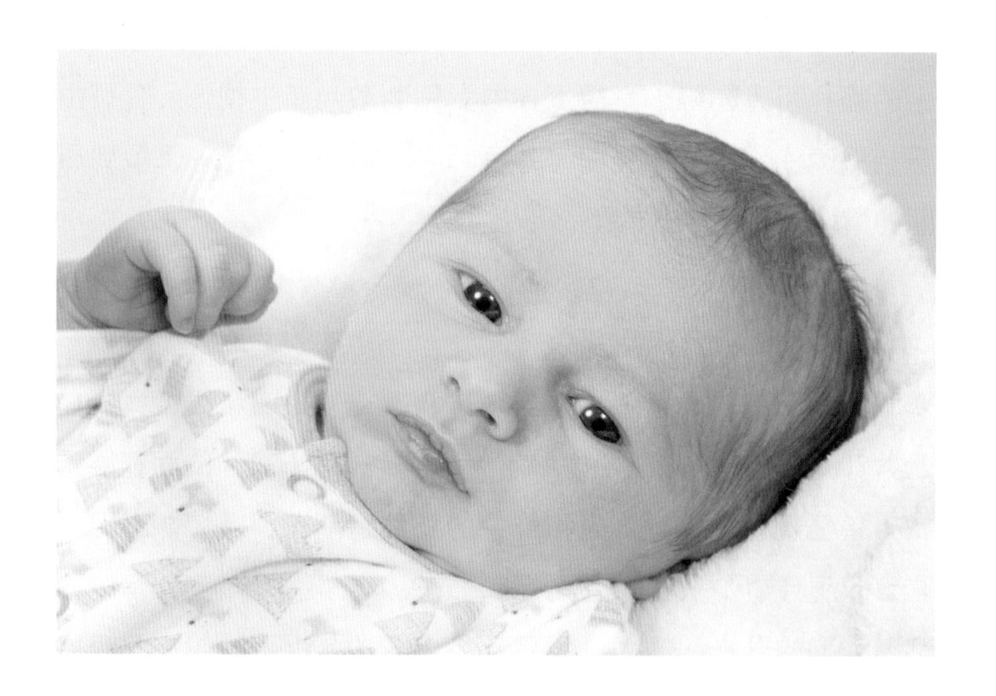

10. 寶寶的雙腿看起來很彎曲，是否有「O 形腳」，要找骨科醫生嗎？

陳延珮醫生

父母觀察到寶寶的腳形看來有點內彎，有如英文字母 O 字，都會問這是正常的嗎？什麼時候需要看骨科醫生呢？

寶寶出生前在媽媽的子宮內逐漸成長，但礙於子宮空間狹小，寶寶長時間自然地蜷縮着雙腳，再加上生產過程的壓力，所以出生後小腿會呈現內彎現象，形成 O 字形態。這種 O 形腿會隨着寶寶學習站立和走路，雙腳要支撐整個身體的重量而漸趨明顯，1 歲半以前幾乎每個寶寶都是 O 形腿，屬於正常現象。這個情況一般會在 2 至 3 歲時便自動矯正過來，父母不用擔心，也不需要刻意替寶寶拉直或綁腿矯正。

雖說大部分 O 形腿都可隨着成長而自動矯正，但有些因素卻可使 O 形腿變得嚴重，其中最常見的是過早學走路。有些父

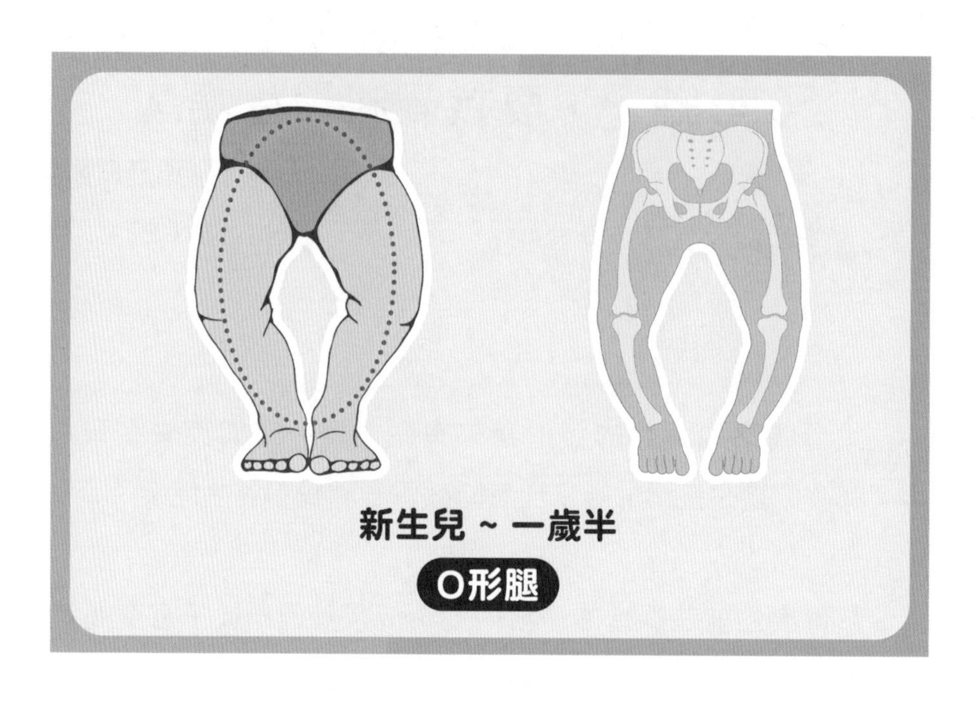

母因為急於要寶寶學會走路，於是不理孩子的平衡力和肌肉力量不夠，便過早強迫寶寶練習，或讓他們坐學行車。這樣會使寶寶因走路姿勢不當而加劇 O 形腿的情況。其實寶寶 1 歲以後會開始從坐姿站起來，並學習走路。在 18 個月大前學會走路都屬正常，父母毋須心急，亦不需使用學行車來加快學習進度，只需扶着孩子腋下，讓他們赤腳在平地上走，或用玩具吸引他們前進就可以了。O 形腿的情形一般會在半年到一年之內慢慢矯正，腿形逐漸拉直。

若寶寶的 O 形腿情況嚴重，或父母發現孩子在 2 至 3 歲以後，腿形還是沒有改變的迹象，就最好帶他們到醫院檢查。一般來說，醫生會讓孩子在一段時間內佩帶托足矯正板，並配合家居復康運動去改善腿形。一些特別嚴重的情況，或由軟骨病、骨髓炎、先天性骨骼構造異常、營養不良、骨折等原因造成的病理性個案，就需要用石膏矯正、手術或藥物治療。

O 形腿除了使外觀不好看外，更會影響走路的姿勢，增加關節肌肉的負荷，使孩子走路容易疲倦和疼痛。若沒有在發育期完成前將 O 形腿矯正，當骨骼定型以後便難以回復筆直腿形，容易造成腰腿疼痛，甚至行動不便，所以父母必須小心留意寶寶的腿形發展，若有懷疑便應請教醫生。

11. 寶寶經常打噴嚏及搓眼睛，會是鼻敏感嗎？

陳亦俊醫生

鼻敏感，又稱「過敏性鼻炎」，主要徵狀為經常鼻痕、打噴嚏、流鼻水、鼻塞。另外，部分患有鼻敏感的小朋友較易同時患上眼敏感，亦會出現眼痕、流眼水、眼紅等徵狀。小朋友鼻敏感易受遺傳影響，例如家長或兄弟姊妹本身有鼻敏感、哮喘、濕疹，相對上較易患上鼻敏感。此外，一些小朋友本身對某種吸入性致敏原敏感，像塵蟎、動物毛髮、花粉，又或是天氣轉季等，也會誘發免疫細胞分泌一些物質，引致鼻腔內發炎而變得紅腫。想得知小朋友是否有鼻敏感，可透過醫生臨牀觀察，及詳細查核小朋友的家族相關病史從而判斷。

一般鼻敏感會分為間歇性及持續性，若上述病徵在連續 4 周內，每周反覆出現 4 天或以上，就有機會是患上持續性鼻敏感。起初一般小朋友大都只是間歇性鼻敏感，但若果忽略了對小朋友鼻敏感的診斷和治療，便有機會惡化成持續性鼻敏感。已有很多臨牀經驗證實鼻敏感與睡眠質素息息相關。由於鼻敏感會引起鼻塞，導致小朋友睡眠質素大大下降，亦因為睡不好的緣故，令其日間專注力不足，精神萎靡，使小朋友學習能力減低。更甚的是睡眠質素下降，對於小朋友腦部發展影響甚深。

現時醫學上並無根治鼻敏感的藥物，但有可靠控制鼻敏感的療法。使用衛生鹽水洗鼻是治療鼻敏感的基礎，衛生鹽水亦有分為噴鼻式和直入式。口服抗敏藥物（抗組織胺）可減輕鼻痕、流鼻水等徵狀。相比第一代抗組織胺，第二代抗組織胺服用後較少引致睡意，令小朋友不會因嗜睡而影響日間的學習能力。如鼻敏感情況較嚴重，會建議使用噴鼻式類固醇，以減輕鼻腔內的炎症。最後，找出和避免接觸吸入性致敏原，以及考慮進行免疫抑制劑脫敏治療，是最有效的治本方法，從而加強病情控制。

從小做好預防敏感的措施，對預防鼻敏感非常重要，特別是敏感高危兒童，即父母其中一方或雙方有敏感病史。所謂「過敏進行曲」，嬰兒期誘發的敏感症狀可隨時間演變成常見

的敏感病，如鼻敏感、哮喘及濕疹。所以建議家長在嬰兒的首6個月以母乳餵哺，減低日後患敏感症的風險。除了母乳餵哺，家長亦可以從生活細節做好預防敏感的措施，例如在家居方面，若孩子對塵蟎敏感，可考慮使用防塵蟎寢具及勤換被套。室內環境溫度的轉變亦會容易誘發氣管敏感，建議房間保持穩定室温。而絨毛玩具亦可能會誘發敏感反應，可考慮使用膠套包好或避免讓孩子接觸絨毛玩具。

12. 寶寶出生後被發現一邊的「蛋蛋」不見了，會影響將來生育嗎？

陳欣永醫生

隱睾症（Cryptorchidism）是指小孩的睾丸於出生後並未正常地下降至陰囊內。一般而言，睾丸會於懷孕期約 30 周左右，自行從後腹腔位置沿腹股溝下降到陰囊內，但假若下降情況出現問題或受其他因素影響，如睾丸繫帶異常或荷爾蒙分泌問題，便有可能導致睾丸停留於腹腔或腹股溝內，造成隱睾症。一般足月的新生嬰兒患有隱睾症的發病率約 3%，而未足 37 周的早產嬰兒約為 30%。但出生後 4 至 6 個月內自行下降至陰囊內的機會亦不少，一般 1 歲時的發病率為 1%。因此家長可持續觀察到 1 歲左右才決定是否需要治療。

事實上約八成患者睾丸隱藏於腹股溝內，部分可以於腹股溝位置觸摸得到，或從超聲波檢查偵測出來。約 10% 個案睾丸會停留於腹腔內，無法由觸診確認，需要依靠腹腔鏡檢查以確認睪丸位置，但小部分個案屬於無睪症，即先天性發育不良或缺少一或兩顆睪丸。還有另一個情況稱為「伸縮性睪丸」(Retractile Testicle)，患者睪丸正常位於陰囊內，但當有外來刺激，如寒冷或恐懼時，會引發提睪肌收縮，而將睪丸由陰囊拉到腹股溝內，從而被誤會為隱睪。此情況屬於正常現象，不需要接受手術治療，大部分於青春期發育後自行痊癒。

一般隱睪症的黃金治療時間為 1 歲半之前。由於睪丸並未於正常陰囊位置，持續長時間（超過兩年以上）停留於腹股溝或腹腔內，會令睪丸受到高溫影響，而有機會出現病變或纖維化，令其之後製造精子或男性荷爾蒙的功能受損，影響生育能力或造成不育情況。而隱睪症患者罹患睪丸癌的機率亦較其他人為高。此外，睪丸停留於腹股溝內，亦較容易受外來撞擊受傷或增加睪丸扭轉 (Testicular Torsion) 的風險。而八成以上隱睪症患者同時出現腹股溝疝氣情況，因此當進行睪丸固定手術時，大多數會一併治療疝氣情況。視乎隱睪位置，睪丸固定手術可分為開放式或腹腔鏡式進行，成功率非常高，約 95%，而且大部分病人可於手術當日或術後 1 至 2 日出院。現時較少採用藥物治療方法，如注射荷爾蒙藥物，以幫助睪丸下降，因相對成功率偏低。

一般而言，即使僅剩餘一顆睪丸也能維持生育能力。但若為無睪症個案的話，醫生便需要為患者注射雄性激素，以達到正常的男性身材發育標準，以及裝設人工睪丸以改善外觀。隱睪症患者大多數可於新生嬰兒身體檢查時發現，家長亦可以自行以觸摸方式確認孩子陰囊內是否有睪丸存在。若發現陰囊外觀不對稱，或空空如也的話，便應及早求醫，以避免錯過治療的時機。

第二章

幼童成長篇

13. 女兒最近經常於車上或牀上像肚痛般扭動着身軀，並不時夾着雙腿，臉部漲紅及冒汗，只是肚痛還是有其他問題？

陳欣永醫生

此情況在臨牀上被稱為「嬰幼兒自慰行為」(Infantile Masturbation)，屬於自我刺激的一種行為動作。可發生於數月大的嬰兒到幾歲大的小孩身上，而摩擦動作會隨年齡而有所不同。一般發生在孩子感到無聊或無所事事的時候，如坐在車上的安全座椅，餵食時坐於高腳椅，或臨睡疲倦躺在牀上時。一般父母會留意到嬰兒臉部突然漲紅，有時候更會汗流浹背及發出低沉的呼吸聲，同時大腿伸直並夾着下體規律地摩擦。用於摩擦下陰的物品可以是兒童座椅上位於兩腿中間的安全帶扣、枕頭、牀墊、毛巾或毛公仔。孩子摩擦時意識一直保持清醒，一旦視線及注意力被轉移後，便會自動停止。

面對此現象，家長一般會感到很詫異，其實嬰兒自慰行為跟成人的自慰行為完全不同。對嬰幼兒來說，摩擦生殖器帶來舒服的感覺及安全感，尤如吸啜手指或奶嘴一樣，本身並無傷害性。一般發生在女孩子身上較多。此情況跟腦癇症不同，孩子的意識一直保持清醒及可立即停止，與出現異常腦電波無關。相反，腦癇症是由於大腦的電波干擾而引起，發作時大多會神志不清及失去知覺，手腳會不由自主地抽搐，或出現失神情況。若有懷疑，家長可立即把孩子的情況拍攝下來，以助兒科醫生作出正確的診斷，排除其他疾病的可能性。

一般嬰幼兒的自慰行為會隨年齡慢慢自動消失，大部分約 3 至 4 歲左右停止，但亦有小部分會持續。此時家長切勿責罵或懲罰小孩，以避免增加小孩的焦慮感。而處理的最好方法是轉移視線，想辦法去分散他們的注意力。如立即叫他們的名字及與他們談話、問問題、說故事，或拿出他們喜歡的玩具和遊戲跟小孩玩，以令他們分心，並將行為慢慢淡忘。假若小朋友年紀較大，也可以嘗試與他們交談及作心理教育，如跟他們說：「現在已經大個仔 / 大個女，不能在公開地方或外面玩小雞雞 / 搓腳腳，若真的難以控制可立刻找爸爸媽媽，我們可以一起說說故事或看書。」希望家長能用不責備的口吻，及提供另一選擇作替代，以分散孩子的注意力。

14. 兒子最近有尿頻情況，剛去完洗手間，數分鐘後又要去小便，他是否患上尿道炎，還是有心理問題？

蔡榮豪醫生

當小朋友突然經常尿急，影響日常的生活作息，家長首先請不要責備他們。不論向孩子了解是否真的有小便，或探討尿頻怎樣影響起居作息，包括：上學、課外活動、家中溫習、遊戲或休息，作為父母也應採取正面的態度，而非責罵。

家長應該冷靜地觀察、詳細地記錄，向老師們和照顧者詢問尿頻情況持續多長的時間，並了解孩子的看法和感受。試詢問一下小朋友，其尿頻是否不能自我控制，或是否有其他的疾病，例如：小便痛楚、小便有血、腹痛，及其大便的習慣，然後再求醫作檢查。

作為醫生的忠告是，若孩子出現尿頻的情況，必須詳列次數和尿量，並了解其他的病徵，如：腹痛、大便的形態情況等，因大便的軟硬程度，都可能導致尿頻；同時請留下小便樣本作檢驗，以排除患尿道炎的可能性。此外，血液檢驗和超聲波腹腔檢視都可以幫助進一步查找原因。

如果檢視一切資料後，孩子沒有任何身體上的毛病，父母便可以放心。孩子或許受到情緒或心理壓力的影響，父母需與孩子商量改變一些行為和生活模式，以同理心和耐性跟他們一起去面對當前的困難。當心理狀況漸漸紓緩，時間漸過，尿頻問題自然會得到解決。

15. 小朋友已經兩歲還不停流口水，有什麼辦法可以改善？

陳欣永醫生

其實流口水是一種正常的生理現象。父母會發現約 3 至 4 個月大的嬰兒開始經常流口水。當中主要由於口腔內的口水腺體，包括舌下腺、頜下腺及腮腺等發育漸趨成熟，分泌口水液亦相對增多。而且嬰兒進入口腔期，對外在事物開始感興趣，時常吸吮手指或放東西入嘴巴，口水腺體會因受刺激而分泌更多口水。當寶寶開始進食副食後，此情況會更為加劇，因為寶寶正是從「吸吮」進而發展至「咀嚼及吞嚥」的另一個階段，口腔肌肉控制及協調性還有待學習，口水會因而不斷流出。加上大多數嬰兒約 6 至 8 個月時長出牙齒，口腔會更受刺激而分泌更多口水。

一般而言，流口水的情況會隨着年齡增長而相對減少。特別是當 1 歲後，寶寶大部分時間會由在地上爬行活動，轉為參與較多站立、走路等大肌肉活動，流口水情況會有明顯轉變。但當偶然進行較靜態的活動，如看書、堆積木、玩煮飯仔等模仿遊戲時，仍然會有流口水情況。一般此狀況於兩歲後便較少出現，若情況持續便需要考慮有否其他因素影響。較為常見的包括：口腔張力較弱，以致吞嚥口水的能力及效率受影響。特別是患有發展遲緩的小朋友，他們的舌頭、嘴唇及下巴肌肉多有力量不足的問題。此外，假若口腔感覺相對較為遲鈍，敏感度過低的話，便不容易刺激吞嚥條件反射，亦難於察覺口水不斷流出口腔外，及周邊皮膚持續濕滑。另外，孩子習慣性張開嘴巴，及較遲出牙，也是引致持續流口水的原因。

不停流口水除容易引起皮膚過敏或濕疹外，大多數兩歲大的小朋友皆會參與不同的興趣班或幼兒班，而不停流口水除引起衛生問題外，也有可能引致父母尷尬或其他相關的社交問題。因此，假若流口水問題持續，建議家長需帶孩子接受言語治療師評估，以檢查口腔肌肉張力及吞嚥能力，以及進行適當的治療。目標包括增強口腔肌肉動作及協調能力，以配合處理口水及吞嚥動作。適宜盡早戒掉奶咀及奶瓶，用吸管杯飲奶及飲水。避免把食物切得太碎及太小，訓練孩子多吃需要咀嚼的食物，如肉類、多纖維質的食物等，以刺激運用舌頭及增加控制口水的能力。另外，父母可多跟孩子玩一些強化口部肌肉的遊戲，如吹泡泡、玩親吻遊戲，或將果醬塗在嘴唇附近位置讓舌頭舔，進食可接受範圍內較冰冷或酸的食物，以使嘴巴肌肉因受刺激而緊閉，藉此訓練張力。父母亦應多提醒孩子保持嘴巴時常緊閉，避免經常張口，以及保持嘴巴附近皮膚乾爽，以增強口腔感覺的調節能力。

16. 現時很多父母讓子女每天進食益生菌，益生菌能醫百病嗎？

徐傑醫生

益生菌是指對人體有益的細菌，有研究指出益生菌可以幫助維持腸道健康。雖然益生菌並不能醫百病，但它們可以對某些健康問題有所幫助，益生菌對兒童健康有以下的好處：

(1) 改善腸道健康

兒童的腸道充滿了各種細菌，如果腸道中有適當的益生菌，它們可以幫助調節腸道內的細菌菌群，減少有害細菌的生長，從而改善腸道健康，預防腸道疾病。

(2) 增強免疫力

益生菌可以刺激免疫系統，增強免疫力，從而預防兒童感染病毒和細菌的風險，減少生病的機會。

(3) 改善消化

兒童消化系統仍在發育中，益生菌可以幫助改善消化，增加腸道中有益菌的數量，從而減少腹瀉、便秘等消化問題的發生。

(4) 改善營養吸收

益生菌可以幫助分解食物中的複雜分子，從而提高兒童對營養物質的吸收率，增強身體的營養攝取，促進生長發育。

(5) 改善情緒

兒童的情緒和行為往往受到腸道健康的影響，益生菌可以改善腸道狀態，從而改善兒童的情緒和行為，減少焦慮、情緒波動等問題的出現。

(6) 改善過敏症

一些研究顯示，益生菌可以幫助預防過敏症，如兒童濕疹問題。濕疹是一種皮膚炎症，與免疫系統失調有關。益生菌可以幫助改善免疫系統功能，從而預防或減輕濕疹症狀。此外，益生菌還可以幫助減少有害菌的生長，從而減少對皮膚的刺激，進一步減輕濕疹症狀。

然而，需要注意的是，益生菌雖然對於維持腸道健康和預防某些疾病具有一定的幫助，但並不是萬能的，不能替代藥物治療疾病。如果有健康問題，應該及時就醫，並根據醫生建議進行治療。此外，在使用益生菌時，應根據個人情況選擇和使用，並注意劑量和使用方法，過量或不當使用可能會對健康產生負面影響。

17. 為何小朋友近日出現不停眨眼睛、面部抽搐及噘嘴的動作，還時常發出清喉嚨的咳嗽聲，會是抽動症嗎？

蔡穎怡醫生

小孩的確有可能是患上抽動症，甚至妥瑞症 (Tourette's Syndrome)。「抽動症」一般分為「短暫性抽動症」(Provisional Tic Disorder) 或「持續性動作型或聲語型抽動症」(Persistent Motor or Vocal Tic Disorder)。「短暫性抽動症」一般病徵持續少於 1 年，「持續性抽動症」則為病徵持續多於 1 年，而只出現「動作型」或「聲語型」。若兩種病徵共同存在，則被診斷為「妥瑞症」。最常見的「動作型抽動症」徵狀包括眨眼、擠眉皺鼻、聳肩、點頭、側頸，甚至出現突然手腳抽搐或甩手臂等動作。「聲語型抽動症」則包括清嗓子、咳嗽，或發出怪叫聲、打嗝聲、動物叫聲。患者往往難以控制抽動次數，很多時候緊張興奮時抽動亦會增多。

抽動症一般於 18 歲前出現病徵，而本身並非因為其他疾病，如亨丁頓舞蹈症 (Huntington's Disease)、腦炎或因服食藥物所導致。抽動症主要於兒童時期出現，可以由兩歲開始出現，一般到青少年早期最為嚴重，之後便會相對減輕至成年期。據統計約一成小朋友患有抽動症，當中男女比例為 9：1。患有專注力失調 / 過度活躍症 (ADHD)、強迫症或焦慮症的病人，同時出現抽動症的症狀亦較多。抽動症成因目前仍未能完全了解，但相信與腦部化學傳遞物質多巴胺分泌反應，以及腦部基底核 (Basal Ganglia) 和前額葉皮質間的聯繫問題有關。此外，家族遺傳亦有關係。

大多數患有抽動症的小朋友並無其他健康問題，生理機能亦屬正常。但往往因為異常的動作或聲語抽動，而引起不同程度的情緒或社交問題，如被同學、老師投訴，或被朋輩排擠恥笑，影響小朋友情緒及自信心。而父母大多亦會因擔心、着急而不斷查問小朋友有何不妥，及四出向不同專科醫生求診。一般而言，治療方法應從心理治療及社會教育開始。於孩子確診後，應先讓父母及其他家人了解抽動症的症狀及情況，當日後兒童出現抽動時，避免向他們直接查問及提醒，更不要加以責備，亦需避免過度保護及溺愛，或過度關心干涉，以讓小孩長期處於緊張狀態，而應以正面的方法處理。同時，可讓學校老師了解病情，從而協助小孩處理學校問題及朋輩的關係。但假若情況嚴重至影響社交及引起情緒問題的話，便可能需要處方如多巴胺抑制劑一類的精神科藥物作治療，以減少抽動症發生。但由於副作用的關係，一般傾向用於較為嚴重或心理治療效果欠佳的情況。

大部分患者均屬於短暫性抽動症，即 1 年內抽動情況會痊癒。若屬於持續性的類型，約三分一病人的抽動會自然消失，另外三分一會顯著減少，其餘三分一會持續到成年期。若發現小孩出現此情況，應找醫生作適當診斷及治療。

18. 兒子已經 8 歲還每晚尿牀，有解決的辦法嗎？

蔡榮豪醫生

一般兒童尿牀的情況會隨着年齡的增加而改善，通常受到生理和腦部發育、生活習慣、基因遺傳、膀胱容量大小等種種因素影響。小孩子 5 歲後有尿牀現象一般為 10% - 15%，男童為多；而至 10 歲後會遞減至 1% - 2%。

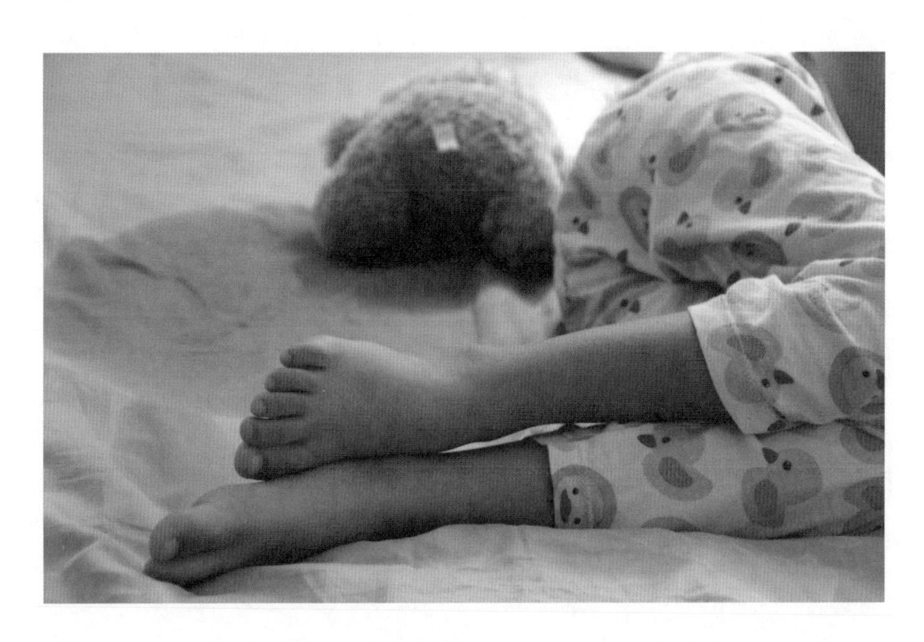

首先，孩子若出現尿牀，醫生會作初步檢查，排除身體的疾病，例如尿道發炎、脊柱缺陷、小便外側異常、便秘習慣等。尿牀頻率通常為每周兩次持續 3 個月以上。兒童尿牀在評估後，排除基本疾病便可給予治療。大部分可以透過生活形態改變以及家長的諒解而得到改善。父母的責罵和任何會影響小朋友的自尊心和人際社交的行為應盡量避免。

評估與治療

父母的參與是治療成功的關鍵，多作鼓勵以及培養良好的起居飲食習慣，例如日間多飲水、睡前排尿訓練、不使用尿布和簡單的獎勵，都有助改善孩童尿牀的情況。

如果尿牀沒有明顯的改善，或對小童和家人的生活和社交關係造成困擾，可通過專科醫生的初步檢測和評估，決定是否使用防潮鬧鐘 (Alarm Bell) 或口服藥物，來控制病情。

兒童尿牀並不是一種嚴重的病，只要通過專科醫生的評估，排除其他的合併隱疾，通過生活模式的改變和家人的理解，病情大多可以自行改善。

19. 現時有多種腦膜炎疫苗可接種，應怎樣選擇？

胡振斌醫生

要解答這問題，讓我們先了解一下什麼是腦膜炎及感染後的嚴重性。

腦膜炎是指包圍我們的中樞神經系統，包括腦部及脊髓的內膜發炎。感染性的腦膜炎，通常是因病毒或細菌入侵腦脊液而引致的。一般來說，細菌性腦膜炎病情較為嚴重。

導致腦膜炎的病毒暫且不談，而引致腦膜炎的細菌主要是流感嗜血桿菌、肺炎鏈球菌及腦膜炎雙球菌。

肺炎鏈球菌疫苗已包括在香港衞生署指定要接種的疫苗之內。而乙型流感嗜血桿菌及腦膜炎雙球菌疫苗就需要在私家診所或私家醫院接種。

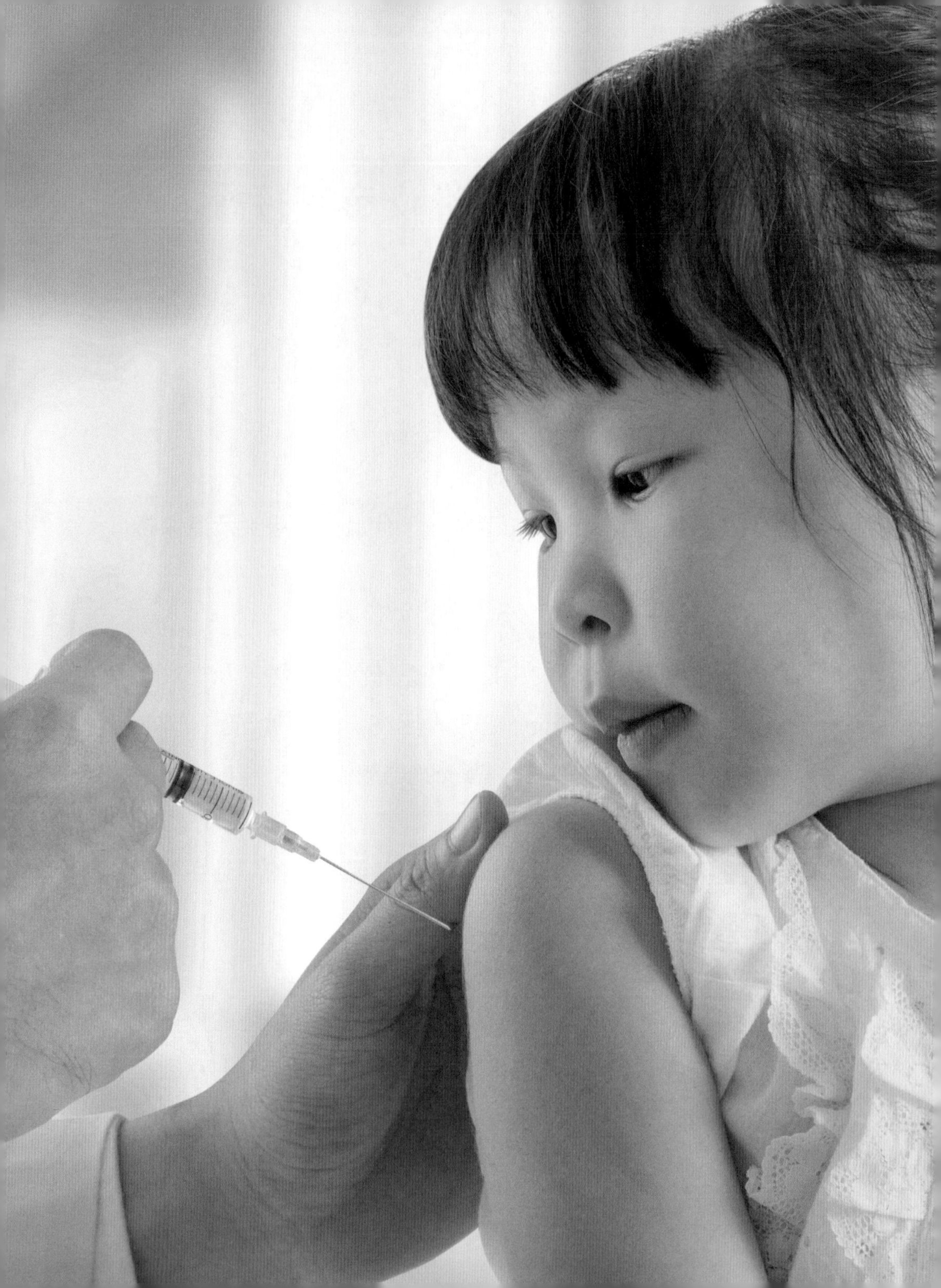

根據統計資料，5 歲或以下的兒童，或 16 至 25 歲的青少年患上腦膜炎的風險會較高。腦膜炎雙球菌的傳播途徑，主要經由吸入或直接接觸患者的呼吸道分泌物。潛伏期為 2 至 10 天，一般為 3 至 4 天。

感染腦膜炎雙球菌後的病症包括腦膜炎雙球菌血症（細菌入侵血液）及腦膜炎。這兩個病症可以個別或同時出現。病徵包括發高燒、劇烈頭痛、嘔吐、皮膚出現瘀斑、抽搐、休克，而嚴重者甚至會致命。

腦膜炎是一種嚴重及緊急的病案。斷症後要及早用注射抗生素及其他的藥物處理。若延誤診斷及治療，後果嚴重，出現後遺症的機會也高。對嬰兒及小童尤其影響深遠，有機會造成永久性的神經系統損害，例如聽力下降甚至失聰、記憶力衰退、運動障礙及影響智力。

腦膜炎雙球菌感染率在本港不算高，但感染後致命率達 10%，也有機會出現上述的後遺症。新冠病毒疫情過後，各地區及國家已開關，恢復正常人口出入往來。腦膜炎雙球菌引致的感染，在歐美、澳洲及內地的發病率也比香港高得多。所以最有效預防及減低感染後的風險就是接種腦膜炎雙球菌疫苗了。

腦膜炎雙球菌有不同血清群，共有 13 種，當中 5 種較為常見，分別是 A、 B、C、W 和 Y 型。而 B 型腦膜炎雙球菌的感染個案在全球各地有上升趨勢，例如 2016 年上海的 B 型感染比例高達 63.2%。

現時本港的腦膜炎雙球菌疫苗分為 ACWY 四價疫苗及 B 型腦膜炎雙球菌（MenB）疫苗兩大類，各有兩款疫苗可供選擇。接種疫苗後的副作用也算輕微，主要為注射部位的輕微紅腫或短暫發燒，算是安全也可減低嚴重病症風險的疫苗。

20. 現時坊間大多建議女孩子接種 HPV 疫苗，那麼男孩子是否不需要？

徐傑醫生

HPV 即人類乳頭瘤病毒 (Human Papillomavirus)，是一組包括超過 150 種不同基因型的病毒，其中約 40 種會感染人類生殖器官（包括男性和女性），HPV 可以透過性接觸傳播。部分屬高風險基因型的病毒可引致子宮頸癌、陰道癌及肛門癌等。

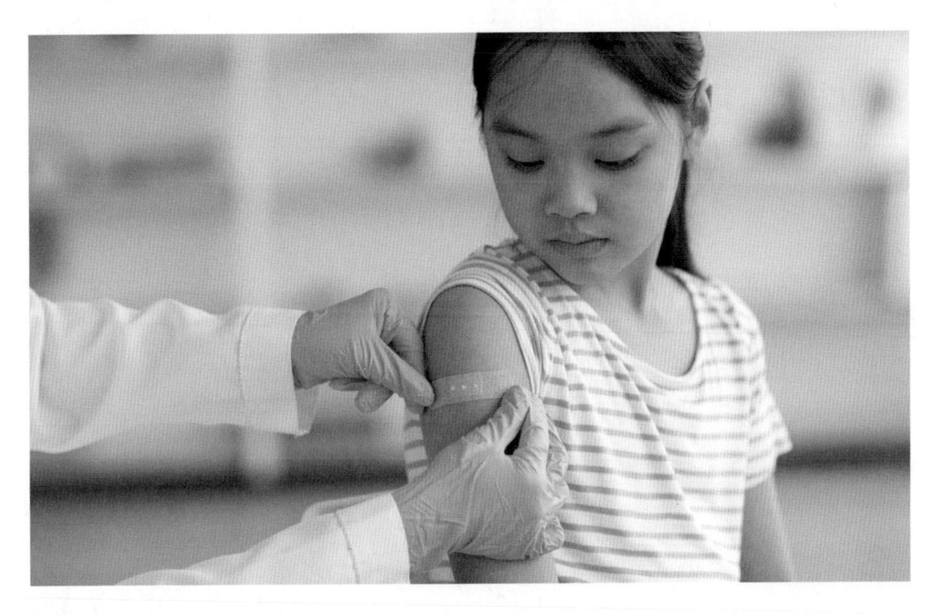

子宮頸癌疫苗是一種可以降低女性罹患子宮頸癌風險的疫苗。然而，子宮頸癌疫苗不僅對女孩子有好處，對男孩子也有一定的作用。以下是子宮頸癌疫苗對女性和男性的作用：

對女性的作用：

(1) 預防子宮頸癌

子宮頸癌疫苗可預防 HPV 感染，從而降低女性罹患子宮頸癌的風險。HPV 是子宮頸癌的主要致病因子，約有 70% 的子宮頸癌與 HPV 感染有關。

(2) 預防其他 HPV 相關疾病

HPV 感染還可導致其他疾病，如陰道癌、外陰癌和肛門癌等。接種子宮頸癌疫苗可預防這些疾病的發生，從而保護女性的健康。

對男性的作用：

(1) 預防 HPV 感染

男性也可感染 HPV 病毒，尤其是性行為活躍的男性更容易感染。接種子宮頸癌疫苗可預防男性感染 HPV 病毒，從而降低男性罹患 HPV 相關疾病的風險。男性感染 HPV 病毒也會導致其他疾病，如肛門癌、口腔癌和喉頭癌等。接種子宮頸癌疫苗可預防這些疾病的發生，從而保護男性的健康。

(2) 保護性伴侶

男孩子接種子宮頸癌疫苗可以減少他們感染 HPV 的風險，進而減少傳染給他們性伴侶的風險。

總結，子宮頸癌疫苗對女孩子及男孩子都有很大的作用，能夠預防 HPV 感染和 HPV 相關疾病的發生，從而保護他們的健康。世界衛生組織建議把年齡介乎 9 至 14 歲、仍未性活躍的女童，列為 HPV 疫苗接種的主要目標群組，以預防子宮頸癌。在「香港兒童免疫接種計劃」下，女童需接種共兩劑 HPV 疫苗，首劑會在小學五年級接種，而第二劑會在小六接種。至於男孩子，現時並未列入兒童免疫接種計劃，家長可以自行決定是否於私家診所另行接種。

21. 女兒站在地鐵車廂內突然暈倒，此情況已經出現數次，她到底發生什麼事？

陳欣永醫生

這情況稱為「昏厥」(Syncope)，意指患者因為某種原因導致腦部供血不足，而突然出現短暫失去知覺的情況。引致昏厥的成因眾多，而當中以血管迷走神經性昏厥 (Vasovagal Syncope) 最為普遍，並常於兒童及青少年發生，一般女性較男性多。

血管迷走神經性昏厥的出現，是因為某些誘發原因，而引發自主神經系統出現誇大及不適當的反應。患者會出現血管擴張、心跳減慢、血壓突然下降，因而造成腦部供血不足的情況。患者此時會開始出現一些典型昏厥前的徵狀，當中包括頭暈、噁心、冒汗、臉色變得蒼白及視力模糊，繼而突然眼前發黑及失去知覺而暈倒。患者很多時會因跌倒而導致身體受傷，大部分於躺下後數秒至數分鐘後恢復正常。常見誘發原因包括於悶熱或局促壓迫下的環境站立太久，例如於擠迫的地鐵車廂內或學校操場早會期間發生。另外，如受到突如其來的刺激，包括疼痛、受驚，以及情緒激動時，或運動後脫水等情況，也是較常出現的誘發因素。

大部分典型的血管迷走神經性昏厥可透過臨牀病史作出診斷。但假若誘發原因不明顯，昏厥前沒有任何先兆，昏厥前後感到心律不齊或有胸口疼痛現象，或家族有成員曾經猝死或有遺傳性心臟病，及重複性出現昏厥情況的話，便需要進一步深入檢查。除了基本的心臟檢查，如心電圖及心臟超聲波外，醫生會安排斜牀檢查，以診斷是否患有血管迷走神經性昏厥。檢查過程中，病人需要躺在一張傾斜的牀上一段時間，並同時接駁心電圖及血壓儀器以作監察，其後需注射藥物並再將牀傾斜，假若病人出現昏厥症狀，並同時出現低血壓或心跳過慢便屬於陽性結果。

假若被診斷為血管迷走神經性昏厥的話亦不用太過擔心。大部分患者都不需要接受藥物治療，只有個別患者如未能有效預防昏厥，才需藥物治療或植入心臟起搏器。預防方法包括每日多喝水及增加攝取鹽分，勤做運動，以提升腿部肌肉泵血回心臟的功能。盡量避免誘發因子的出現，例如減少長時間站立，而若預計需長時間站立時，亦可採取雙腿交叉重疊的姿勢。若患者出現血管迷走神經性昏厥前的症狀，應儘可能先躺下，並墊高雙腿。如未能躺下，可嘗試蹲下或坐下。如情況並不容許，而需要維持站立，或坐下後病徵仍然持續的話，患者可嘗試進行一些身體反壓力動作，如緊扣雙手手指及用力對拉，或把雙腳交叉重疊並收緊腿部及腹部肌肉，坐下時將頭彎低至兩邊膝蓋之間，這樣有助阻止昏厥的出現。此外，患者平日亦可在家中透過循序漸進的站立訓練，讓身體慢慢適應，以減低昏厥復發的風險。

昏厥情況與頭暈 (Dizziness)、眩暈 (Vertigo)、昏迷 (Coma) 及腦癇 (Seizure) 不同，若有疑問，必須及早求醫，以作出適當診斷及治療。

22. 小孩持續高燒 4 天，今天突然全身出現紅疹，是玫瑰疹嗎？

陳強杰醫生

玫瑰疹常於 6 至 24 個月大的小孩身上發生。患者通常出現高燒 39.4°C（103 °F）以上，並且持續 3 至 5 天，而退燒通常來得突然。當退了燒之後，身體軀幹開始出現像玫瑰紅似的細小斑丘疹（因此命名），然後擴展到頸和上肢，甚至有機會影響到臉部和下肢。而這些紅疹，通常都是不痛不癢，2 至 5 天之後會自行退掉。有些病童，發燒可以是出疹前唯一臨牀病徵，但也有些可以伴隨輕微腹瀉、食慾不振、眼臉浮腫和暴躁不安。

玫瑰疹最主要病源是人類疱疹病毒六型 (Human Herpes Virus 6)，亦有小部分可以由其他病毒如人類疱疹病毒七型 (Human Herpes Virus 7)，腸病毒如柯薩奇病毒 (Coxsackie Virus)，腺病毒 (Adenovirus) 和亞流感一型 (Para-influenza 1) 所致。主要傳染途徑是透過飛沫傳播或唾液接觸。而傳染期在

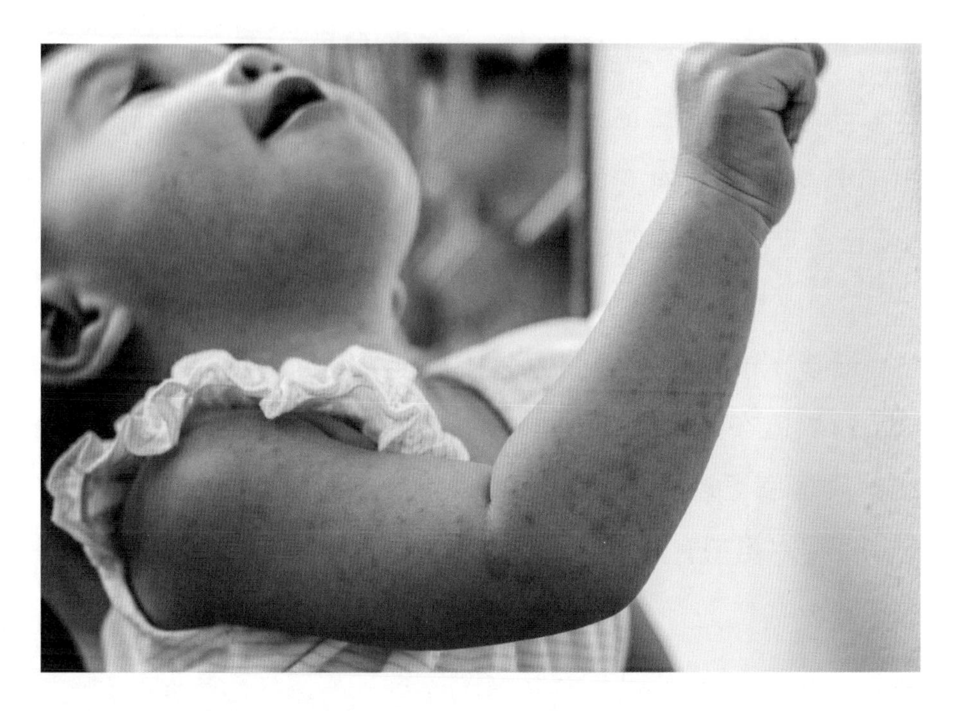

未有發燒之前已經開始，通常在退燒一日之後結束。所以相對來說，要避免受感染比較困難，不過注意個人衛生仍然可以減低受感染的機會。

沒有一個特定檢測可以斷定病童是否患上玫瑰疹，若患者持續高燒數日，退燒之後身體出現紅疹，臨牀上便吻合玫瑰疹的診斷。但是病童必須有這臨牀診症進度，醫生才可以確認這個診斷。

大部分玫瑰疹患者病情也是輕微，而治療主要也是支援性，即是服用退燒藥和確保患者水分充足，沒有脫水。有小部分患者會因為突如其來的高燒而誘發熱性痙攣 (Febrile Seizure)。若有這情況出現，父母必須立刻帶小朋友求醫。

最後，筆者經常聽到家長說小朋友之前已經感染過玫瑰疹，所以這次發燒應該不是玫瑰疹導致。這其實是不正確的，由於玫瑰疹可以由不同病毒感染所致，所以可以是俗語說的「中完可以再中」。

23. 小孩經常半夜從睡夢中尖叫及大吵大鬧，還對人拳打腳踢，但醒後卻毫無印象，是「撞邪」嗎？

蔡穎怡醫生

事實上此情況稱為「夜驚」（Night Terror）。我們每晚睡覺時一般會經歷約 4 至 6 次的睡眠周期，而每一次睡眠周期包括入睡期、淺睡期、熟睡及深睡期，以及快速動眼期（REM Sleep: Rapid Eye Movement）。夜驚的出現與熟睡及深睡期和快速動眼期不正常的切換有關。由於兒童的大腦發育相對較未成熟，而相比成年人來說，兒童熟睡及深睡期和快速動眼期的時間佔整晚睡眠的比例較長，因此較常出現夜驚。大多數於兩三歲左右發生，男女比例各佔一半，約 1% - 6% 的兒童會出現此情況。隨着兒童成長，睡眠結構漸趨近成人，夜驚出現的頻率亦隨之而改善及消失，但仍有小部分個案會持續至成年。成年人的發病率約 2%。假若有家族史的兒童亦較常出現夜驚的情況。

「夜驚」與「發惡夢」(Nightmare) 不同。與夢遊相似，夜驚一般發生於夜晚睡覺的前三分之一時期，一般於入睡後一至兩小時，當進入熟睡及深睡期後發作。夜驚出現時，小朋友會顯得極度慌張，並出現心跳加速、冒汗、呼吸急速，並大吵大鬧，有時候還會拳打腳踢，甚至會下牀胡亂彈跳，維持約 5 至 10 分鐘左右便再度入睡。重點是小朋友第二天醒來完全記不起前一晚發生的事情，也說不出當時害怕什麼。而夜驚可以於同一晚上發生多於一次。與發惡夢比較，惡夢多數出現於下半夜臨近天光睡醒前，小朋友亦清楚記得夢中的情景，更可能因害怕再發惡夢而抗拒入睡。發惡夢於小朋友身上出現的比率亦相對較高，可以高達 30% - 50%。

此外，夜驚亦與腦癇症不同。腦癇症是由於腦部突然出現異常的腦電波而引發，某幾種類型的腦癇症，如前額葉局部性腦癇，常於睡眠時才出現。儘管臨牀表現上兩者同樣是於睡覺時突然發作，並且迷迷糊糊般不能夠被喚醒，但事實上，腦癇症病發時，一般會出現重複及有規律性的動作，如眼球向上翻，臉部肌肉或手腳有規律地抽搐，嘴唇變紫，發作後大多維持一段迷糊混亂的狀態後，便有可能會醒過來。當家長有懷疑

時，便應諮詢醫生意見，及替孩子安排腦電圖檢查，以作出適當的診斷。

夜驚一般當小朋友睡眠不足時，睡前過度興奮或疲倦，又或是身體不舒服如發燒、生病，甚至膀胱漲滿而尿急時較常出現。另外，功課、考試或學習壓力，及其他心理問題，令身心壓力大，亦容易觸發夜驚的出現。父母處理夜驚時，最重要是保持冷靜，切勿慌張。要留意孩子會否撞到旁邊雜物、牀角，或有可能跌下牀，而引致身體受傷。不需刻意介入阻止或嘗試喚醒小朋友。若有懷疑，可拍下影片，以輔助醫生作出診斷。若希望減少及改善夜驚的情況，父母應該盡量讓小朋友有一個固定及充足的睡眠作息時間，並減少跟小朋友睡前玩一些太刺激或興奮的遊戲，及避免睡前看或聽有可能令小朋友感到不安或焦慮的故事。家長亦應多加留意孩子是否存在任何心理問題或壓力，及作出相應的調整。如夜驚發作頻密的話，父母大多會留意到有一個特定的發作時間，如入睡後的一至兩小時。假若有此特定時間的話，父母可嘗試在夜驚發作前 15 分鐘左右喚醒孩子，藉着打亂睡眠周期，以阻止夜驚的出現。

24. 小朋友剛確診感染新冠病毒，突然發現他失了聲，而且發出如犬吠般的咳嗽聲音，是嘶吼症嗎？

陳欣永醫生

「嘶吼症」(Croup)，或稱「哮吼症」，是一種常見的兒科病症，屬於急性咽喉氣管發炎的症狀。大多數由呼吸道傳染病毒感染所引致，例如副流感病毒、流感病毒，以及近期的新型冠狀病毒，皆容易引致嘶吼症。細菌感染個案雖然較少，但亦可以由細菌如流感嗜血桿菌或肺炎鏈球菌所引起。

嘶吼症本身較常出現於 5 歲或以下的幼兒身上，特別是 6 個月至 3 歲的小朋友，較少出現於年長的兒童。而發病高峰為每年 11 月至 4 月間，男性較女性為多。主因由於幼童氣管發育未完成，加上本身對病毒大多無免疫力，若遭病毒感染便容易引致咽喉及主氣管發炎腫脹，呼吸時受阻較嚴重而出現呼吸困難，並出現典型的症狀如聲音沙啞、失聲，及如犬吠般的咳嗽，還會在吸氣時產生嘈雜及高音調的喘鳴聲音。再嚴重的話，會令氣管腫脹至氣道近乎完全閉塞，可令兒童無法呼吸而引致死亡。

哮喘患者由於較小的小支氣管受到阻塞，因此特別會於呼氣時發出「嘻嘻」的聲音。而嘶吼症的患者則不同，其喘鳴聲於吸氣時會較呼氣時明顯。此外，哮喘屬於過敏疾病，可由內在因素如遺傳性過敏體質、氣候季節性轉變、致敏原影響，或外在環境因素如吸煙或病毒感染影響下反覆發作。而嘶吼症則大多由病毒感染影響，較少重複發作。

當發現孩子出現嘶吼症的徵狀時，家長應儘可能讓孩子情緒安定下來。因為若小朋友愈煩躁愈焦慮，氣管有可能因此出現痙攣性收窄，症狀會變得愈嚴重。當然家長本身亦應該保持鎮定，及早帶小朋友求診。醫生會視乎患者呼吸情況及咳嗽的嚴重程度，處方藥物及安排適當治療，例如用口服或注射類固醇給患者作治療，以紓緩患者呼吸困難的情況。類固醇可有效減低患者聲帶及氣管黏膜腫脹發炎的程度，一般使用數小時後便可改善臨牀症狀，而且短期使用低劑量類固醇也不會有任何副作用。大部分輕微程度的嘶吼症患者只需要在家中休息治療。當症狀嚴重時，醫生便需要處方吸入性腎上腺素霧化劑以進行治療，並需住院以觀察療效的持續性，因進行霧化治療後症狀有可能出現反彈的情況。假若呼吸道嚴重受阻而出現呼吸困難時，患者甚至需要入住兒童深切治療部觀察，並需插喉使用呼吸機以幫助呼吸。

大部分嘶吼症患者於 3 至 4 天內好轉。而預防兒童患上嘶吼症的方法與預防流感無異，需要保持個人衛生，要教導小孩子勤洗手，避免經常接觸口鼻及眼睛，進食前後要洗手，及正確佩戴外科口罩。而幼童嘶吼症多由新型冠狀病毒及流行性感冒引致，因此家長亦應及早為子女接種疫苗，以預防感染及併發症出現。

25. 孩子突然發燒、肚痛，之後腳踭關節便腫脹及雙腳出現瘀青的紅斑，醫生說是「紫癜」，那是什麼？

陳強杰醫生

免疫球蛋白 A 血管炎 (IgA Vasculitis) 亦稱「過敏性紫癜」（又稱「紫斑」，Henoch Schonlein Purpura），是兒科組別最常見的血管炎。其主要症狀有 4 個，包括紫斑、關節炎或關節痛、腹痛和腎病。發病率是每十萬個人，有約 3 至 27 人診斷有這情況。九成的免疫球蛋白 A 血管炎都是由小朋友階段開始病發，而最常見之病發歲數是 4 至 7 歲，男孩子稍稍比女孩子多，比例是 1.2 - 1.8：1。約一半的個案在病發前數星期曾出現呼吸道感染，而其他感染如水痘、痲疹、肝炎，甚至疫苗和蚊叮也可以是誘發原因之一。

在 75% 的個案當中，紫斑是最早表現的症狀。有一部分的紫斑是會痕癢的，但是痛感相對較少，它們主要都是對稱地分佈於下肢，不過在年幼的病童臉部、上肢、軀幹和臀部也可找到紫斑的影響。而關節炎或關節痛大部分都是在下肢發生，如在髖關節、膝關節和足踝關節。它們都是短暫性的，並不會導致受影響的關節有永久性損傷。消化系統的影響最常見是腹痛，但是腹痛有可能是極其嚴重的原因所致，例如：腸缺血病、腸套疊和腸穿孔，所以絕對不能輕視。而腎病方面，最常見的表現是血尿，而當中亦有少數有相關的血壓高。

診斷方面，免疫球蛋白 A 血管炎是基於臨牀診斷，因此並沒有一個特定的檢測以作斷症。只要有紫斑，而在關節炎或關節痛、腹痛和腎病當中，有至少兩項符合便可作診斷。抽血和尿液檢測是可以提供更多相關資料，但並不是必須用作診斷的條件。

至於治療方面，慶幸的是這個病在小朋友組別，大都是自限性的 (Self-limiting)。約有三分之二小朋友只會病發一次，而餘下的三分之一，則會再病發至少一次，不過每次病發都會比之前一次的症狀較輕和日數較短。曾患此病的病童，均需要定時覆診監察血壓和檢查尿液，以確保腎臟沒有受影響。

26. 小兒突然半夜尖叫肚痛，而且持續性大哭大鬧，久久未能平靜下來，醫生擔心是腸套疊，這會有性命危險嗎？

陳欣永醫生

腸套疊 (Intussusception) 是一種常見於嬰兒及幼童的腹部急症，大約 75% 發生於兩歲之前，尤以 6 至 9 個月大的嬰幼兒發病率最高。由於嬰幼兒並不能清晰表達自己，而腸套疊屬於小兒急症並需要及早治療，因此若有任何延誤，便很可能導致嚴重併發症或死亡的情況。

所謂腸套疊，是指身體內某段腸管套進了與它相連的另一段腸管內，從而引致腸道阻塞。腸套疊可以發生於任何一段大腸或小腸，但較常出現於小腸與大腸的交界點，即「迴腸—結腸型」腸套疊。當發病時，患者會出現陣發性的腸絞痛情況，此時嬰兒會持續或間歇性大哭大鬧，並不能輕易被安撫下來。年長一點的幼童，當陣痛時常會將兩腳屈曲縮向肚子，並持續大哭。此外，亦可能出現嘔吐、腹部腫脹、肚瀉等情況。若腸套疊情況持續及嚴重的話，受阻塞的腸管便可能壞死。此時，大便會有血及黏液，呈現典型腸套疊可引致的暗紅色黑加侖子果醬模樣。若未能及時得到治療，腸道有可能會隨着壞死而穿破，引致腹腔炎或敗血症，甚至增加死亡風險。

引起腸套疊的原因很多，而當中較常見是因為小童患上呼吸道感染或腸胃炎後，於迴腸末端的淋巴組織脹大，令迴腸末端套入結腸內引致。較少見可以是因為小朋友曾經接受過腹部手術，或患有梅克爾氏憩室 (Meckel's Diverticulum) 或息肉等相關腸道疾病所致。於臨牀檢查上，一般醫生為小朋友作腹部檢查時，有可能於右上腹位置摸到像香腸般腫起的硬塊，而肛探時甚至會見到有血絲黏液的大便。當醫生懷疑為腸套疊時，便會馬上安排腹部超聲波檢查。於超聲波下，腸套疊的位置會呈現如「標靶」(Target-like) 或「甜甜圈」(Doughnut-like) 的形狀。超聲波的準確性較高，但假若出現嚴重脹氣，或持續哭鬧而無法配合的話，便相對較難進行。另一個診斷方式則是進行 X 光灌腸顯影檢查。

當確診患上腸套疊後，為免腸道因受阻塞而缺血壞死，醫生會盡快安排將腸套疊還原。若尚未出現腹膜炎或穿腸的情況，非手術的灌腸復位是最佳的治療方法。灌腸復位需要由放射診斷科醫生及小兒外科醫生的陪同下進行。腸套疊復位可以使用空氣或液體灌腸式治療，並以 X 光透視或超聲波造影監察下進行，成功率大概 80%。當套腸成功復位後，病人需繼續接受臨牀觀察，並在適當時恢復進食。但假若灌腸復位失敗的話，便需進行緊急手術治療。而於手術時，醫生會視乎套腸的鬆緊程度及腸壁發炎的情況，以決定是否需要切除部分已壞死的腸道。

一般而言，若能於 24 小時內診斷及成功治療腸套疊的話，其預後相對較佳。灌腸治療的復發率約 10%，大多發生於 72 小時內；而手術後的復發率約 2% - 5%，因此父母仍需要繼續提高警覺，若有懷疑便應馬上就醫。

27. 小兒鼻鼾聲一直很大，會對健康產生什麼問題？

陳亦俊醫生

睡眠是人類生命中重要的一環，我們的腦部發育、記憶力、免疫系統都在睡眠期間有所益。相信大部分市民都對睡眠窒息症略有所聞，但卻不知該如何判斷家人或小孩是否患病。

根據香港兒童呼吸病學會，每 100 個兒童之中，有 10 至 15 個有持續性鼻鼾。大部分有鼻鼾的兒童都是健康的。不過，每 4 個有持續性鼻鼾的兒童之中，就有 1 個患有兒童睡眠窒息症。如果父母發現小朋友睡覺時有以下症狀，一定要提高警惕：

(1) 打鼻鼾
(2) 睡眠時短暫呼吸停頓
(3) 張開口呼吸
(4) 尿牀
(5) 日間渴睡和疲倦
(6) 專注力和認知能力降低
(7) 經常趴睡

睡眠時窒息會讓腦部和心臟短暫缺氧。患者的睡眠質素差，日間自然精神不足，缺乏專注力，影響日常生活。睡眠窒息症會影響小孩的生長荷爾蒙，導致發育遲緩、身體矮小，並導致腦部智力發展遲緩，甚至會引起過度活躍等行為問題，更別論渴睡疲乏會讓學習表現差了。若果在兒時沒有理會，長大後患上高血壓、心血管疾病的機率較一般人高。

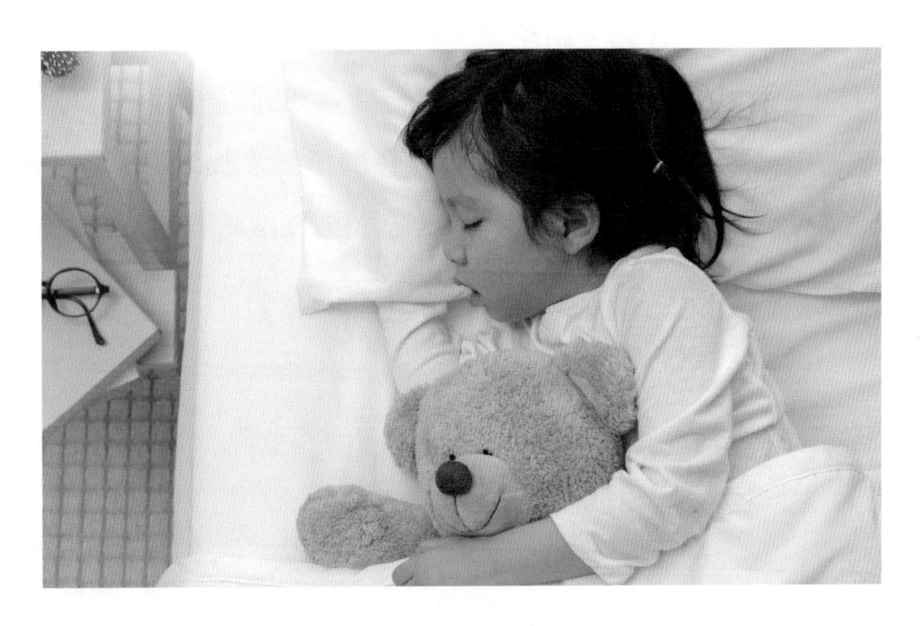

睡眠窒息症須經由「睡眠測試」，又稱「睡眠多維圖測試」(Polysomnography) 診斷，是現在診斷睡眠窒息症的臨牀黃金標準。睡眠測試是以多種機器同步監測患者睡眠時的腦

電圖、眼電圖及肌電圖，以監察睡眠分期；口及鼻的氣流、血氧濃度、胸及腹部的動態，以監察睡眠呼吸活動。患者接受睡眠測試通常需在睡眠監測室中度過整晚。當患者換上睡衣後，睡眠技術員會在患者身上安放傳感器。在就寢時，傳感器會連接到電腦，用於收集睡眠數據。睡眠測試會一直持續到次日早晨。醫生將根據「睡眠呼吸暫停指數」(Apnea-hypopnea Index, AHI) 作出診斷。睡眠呼吸暫停指數是指平均 1 小時呼吸微弱或停止的次數。以兒童而言，普遍將 AHI 高於每小時多於 1 次出現呼吸中止，或是呼吸極為緩慢的情況診斷為患有睡眠窒息症。治療兒童睡眠窒息首先要以睡眠測試確診患病，找出根源，再以藥物、手術或非手術形式治療。

28. 如小孩患上睡眠窒息症，怎樣制訂他的治療計劃？需要做手術嗎？

陳亦俊醫生

小朋友睡覺時總是鼻鼾聲很大，日間又渴睡和疲乏、情緒暴躁，甚至專注力不足，難以集中精神？作為父母對此深感困擾，甚至以為孩子是頑皮懶散，其實孩子很可能是患上了「睡眠窒息症」，孩子本身也深受困擾。及早治療，除了可改善睡眠質素外，更可提升孩子的專注力。

睡眠窒息症是一種睡眠時呼吸微弱或停止的常見疾病。睡眠窒息症通常會導致紊亂性睡眠，疲憊以及日間過度嗜睡。因這種病只在睡眠時出現，大多數人都很難意識到自己患有此種疾病，通常是患者的家人注意到患者有睡眠窒息症的症狀。睡眠窒息症主要可分為 3 個類型：

(1) 阻塞性

喉嚨附近的軟組織鬆弛而造成上呼吸道阻塞，呼吸道收窄引致睡眠時呼吸暫停，是睡眠窒息症最常見的類型。其原因是由於睡眠過程中氣道萎陷或阻塞所致。當患者試圖呼吸時，通過狹窄上氣道的空氣就會導致響亮的鼻鼾聲。

(2) 中樞神經性

呼吸中樞神經曾經受到創傷而造成障礙，不能正常傳達呼吸的指令，引致睡眠呼吸的機能失調。由於控制呼吸的大腦部分，未能有效地把信號傳遞給呼吸肌，患者短時間沒有呼吸的意圖而導致睡眠窒息。

(3) 混合性

同時患有阻塞性和中樞神經性睡眠窒息。

兒童睡眠窒息症多數為阻塞性，即喉嚨附近的軟組織鬆弛，令上呼吸道阻塞。小朋友如果有長期的鼻敏感問題、扁桃腺或增殖腺腫大，都會令上呼吸道受阻，引發睡眠窒息症。除此之外，過胖的兒童頸部脂肪過多，會令上呼吸道收窄，容易形成阻塞。也有小部分病人是因為顱面結構異常，令呼吸道收窄引起的。

一旦兒童確診患上睡眠窒息症後，醫生會視乎致病原因制訂合適的治療計劃。例如因為扁桃腺或增殖腺腫大引起的，可以用手術切除；如因鼻敏感引起的，可用抗敏感藥來控制鼻敏感，令呼吸道回復通暢；過胖需要減重；因顱面結構異常引致者，亦有正顎手術可供選擇。另外，患者也可以購買或租用正壓呼吸器於睡眠時使用，它的原理是以氣壓衝開上呼吸道，令患兒在睡眠時得到充足的氧氣供應。

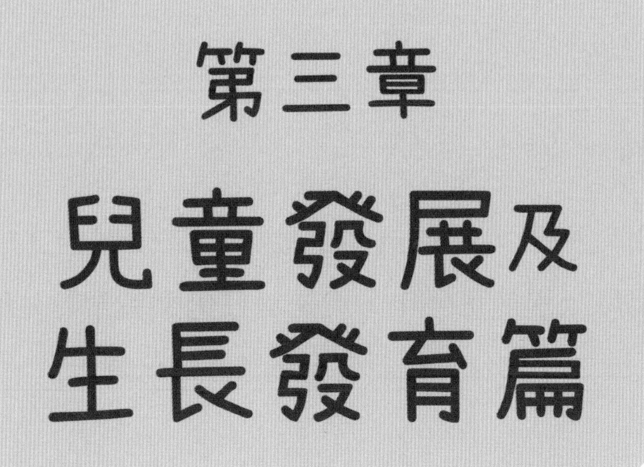

第三章

兒童發展及生長發育篇

29. 兩個兩歲的小孩分別被學前班老師投訴上課不跟隨指令及不合作，他們是有什麼發展問題嗎？

林嘉儀醫生

個案一

謙仔目前兩歲，媽媽自他 1 歲半的時候開始讓他上學前班。雖然已經上學前班半年，但是謙仔仍然完全無法跟隨老師指令上課，永遠不合作，只顧自己玩喜歡的玩具。

最初，家長並無特別擔心，只覺得可能因為小朋友年紀太小。但直到孩子兩歲，仍然對於老師簡單的指令毫不理會。老師也對謙仔這情況表示關注。

其實謙仔在家裏是一個很乖巧的小朋友。爸爸媽媽工作比較忙，很多時都要帶文件回家處理，謙仔從來不會阻礙父母工作，大部分時間都會自己自娛，很少大吵大鬧。

謙仔在家裏很少主動找其他人陪他玩，謙仔對於父母的指令有時都不太理睬，甚至叫他的名字也未必作回應。而且他於日常生活中都比較固執，例如他睡覺堅持要使用指定的被袋，堅持每次經過某個商場都要進入同一間商舖，對於玩具的擺放位置亦十分在意。他對於環境的轉變，或新事物有比較大的反應，對於聲音和不同質感亦十分敏感。

個案二

彤彤也是兩歲多的孩子，她上學前班的時候經常不遵從老師的指令，老師要不斷重複指令，或者親身教她做一次，她才能理解指令。上課的時候，她也不回答老師問題。她很多時都未能遵守課堂規則，要老師提點才懂得返回自己的座位。彤彤沒有謙仔的固執行為，亦很少發脾氣。父母和老師都形容她是一個比較隨和的小朋友。

基於老師的建議，謙仔和彤彤的父母分別帶他們進行發展評估。謙仔經評估後發現有明顯言語發展遲緩，社交溝通困難，感官反應異常及固執行為，屬於輕微自閉症譜系障礙。

自閉症譜系障礙其實是一種先天性發展障礙，主要影響社交溝通，並且有一些行為的症狀。

社交溝通方面，包括以下徵狀：

(1) 社交互動能力困難

- 冷漠、被動
- 不恰當的過分熱情
- 較喜歡獨自玩耍
- 很少注意其他同伴
- 甚少與人分享，包括興趣、情感
- 難以跟別人打開或持續話題

(2) 非語言溝通困難

- 欠缺眼神接觸
- 缺乏面部表情
- 較少用手指向物件以表示需要

(3) 發展人際關係困難

- 很少注意其他同伴
- 難以調整行為以配合各種社交環境
- 很難投入需要想像力的遊戲

行為方面，至少有以下其中兩種行為：

(1) 重複行為

- 刻板重複的身體動作，例如拍動雙手、前後搖頭、自轉等
- 重複行為，如排列物品、開關櫃門、轉動車輪、開關按鈕等
- 重複背誦說話或詢問同一問題

(2) 固執行為 / 拒絕日常的改變

- 堅持跟隨相同及刻板的常規、日程、做事的次序或規律
- 較難適應生活上的轉變
- 千篇一律的遊戲方式
- 抗拒或較難接受新的食物、環境和事物

(3) 狹隘興趣

- 沉溺於某一種或幾種刻板、狹隘的興趣，而其注意集中的程度異於尋常（如數字、英語詞彙、巴士路線、車輛型號、鐵路等）
- 對物件的某部分有不尋常的興趣（例如車輪、門鉸）

(4) 感官反應異常

- 出現過高或過低的感官反應，例如對某些聲音、質感產生驚恐或過分追求的反應，或凝視某些光源及動態（如轉動的物件）

另一方面，彤彤經評估之後，被發現有明顯語言發展遲緩，而且認知能力亦有輕微遲緩。由於她的認知能力和言語理解能力較弱，因此她在課堂遵守規矩和跟從指令均出現困難，故上課時未能「坐定定」，表現得不合作。

謙仔和彤彤的情況其實很常見，很多時小朋友上學坐不定，不專心，除了可能因為本身專注力較弱之外，亦可能因為言語理解比較弱，或者同時因為社交障礙，影響小朋友學習。

評估得到診斷之後，謙仔和彤彤經過一年多的訓練，現在已經就讀幼稚園低班了。謙仔上課表現良好，能投入課堂，跟人社交互動方面亦有明顯進步。彤彤經過訓練後，言語理解和表達能力大有進步，認知能力亦有所提升。現在整體發展已跟同齡小朋友相若。他們的父母都很慶幸及早發現問題，並盡早作出訓練，讓小孩的發展問題可以及早處理。

30. 小朋友 18 個月大仍未懂說單字，到母嬰健康院檢查時被指不及格，要兩歲再去檢查，有什麼方法可以幫助他？

林嘉儀醫生

幼兒到母嬰健康院注射疫苗，護士會為幼兒進行發展監測。發展監測一般涵蓋大小肌肉發展，言語、社交及認知能力的範疇。每個小朋友的發展速度都有所差異，一般幼兒 1 歲後開始會模仿單字，18 個月大的幼兒一般可以說出 5 至 10 個單字，如：爸爸、媽媽、車車、奶奶等。如孩子 18 個月大仍未能說出單字，便有可能屬於言語發展遲緩，需要作出跟進。然而，言語發展除了單看小朋友能說幾多單字之外，其他範疇的表現都可以作為預警，其中包括小朋友的言語理解能力。譬如小朋友能否於沒有手勢的提示下理解簡單指令，如：「攞杯杯」、「畀車車」等。小朋友的社交發展，對言語發展也有相輔相成的影響，例如小朋友的模仿意欲比較強，多主動與照顧者或其他小朋友交流，都有利於小朋友的言語發展。若孩子有某些發展障礙，例如自閉症譜系障礙，相對較大機會出現言語發展障礙。

如果小朋友 18 個月仍未懂說單字，家長不妨多與幼兒作互動遊戲，從而提升幼兒的表達動機。例如在遊戲過程中，簡單描述動作，比如：說「畀」、「擺」，或說出物件名稱、人物名稱等。另外，亦可以製造機會讓幼兒嘗試表達，例如幼兒想要某樣物件，可以鼓勵幼兒說出物件名稱；若幼兒未能即時說出，家長可以幫幼兒說出正確答案，讓幼兒逐漸掌握更多詞彙。

由於每個小孩子發展速度不同，家長幫助小朋友提升發展的同時，也切勿將幼兒跟其他孩子互相比較。幼兒除了言語表達能力較弱之外，若對他們的其他發展範疇，如言語理解及社交能力等亦有擔心，應及早尋求兒科醫生的專業意見，視乎需要，盡早作出發展評估及訓練。

31. 聽說有「聰明藥」可助小朋友變得聰明，並提升專注力，令考試成績更好，究竟這類藥物如何幫助小朋友專心讀書？又是否每個孩子也可以服用？

林嘉儀醫生

現今有很多家長把專門醫治專注力失調 / 過度活躍症（ADHD）的中樞神經刺激劑稱為「聰明藥」。治療 ADHD 的藥物主要有幾種：哌甲酯、賴氨酸安非他命和阿托莫西汀。它們之所以被稱為聰明藥，是因為坊間認為其能夠令患有 ADHD 的小朋友提升專注力，從而提升學習能力。

這些藥物的作用，主要針對 ADHD 患者腦部的神經傳遞物質，如：多巴胺失衡的情況， 從而改善症狀。這幾款藥物本身的作用和副作用都略有不同，讓我們先了解一下。

哌甲酯（Methylphenidate）

其作用便是抑制去甲腎上腺素和多巴胺神經末梢的再攝取，使這些神經傳導物質的濃度提高，從而改善專注力失調和過度活躍症的症狀。

哌甲酯主要用於 6 歲以上，ADHD 徵狀比較明顯的患者。研究顯示，75% 的患者服藥後專注力有明顯改善，過度活躍及衝動行為亦減少。藥物有長效及短效，醫生會按兒童的實際情況及需要而決定。 藥物常見的副作用，包括：食慾不振、失眠、影響睡眠質素、難以入睡、腸胃不適、作嘔、肚痛、體重下降、肌肉抽搐、頭痛、情緒低落、焦慮或煩躁不安等。這些副作用一般都是輕微和短暫的，調校劑量及服藥時間通常可以作出改善。長遠的副作用包括：擔心影響兒童身高及體重，影響心跳和血壓。

賴氨酸安非他命（Lisdexamfetamine）

它的作用跟哌甲酯相似，主要抑制腎上腺素神經末梢的再攝取，使這些神經傳遞物質的濃度提高。常見的副作用包括：情緒變化、食慾下降、心律不正、胃部不適、高血壓、心悸、失眠和體重減輕。長遠的副作用包括：擔心影響兒童身高及體重，影響心跳和血壓。

阿托莫西汀（Atomoxetine）

一般用於中樞神經刺激劑無效的個案。副作用包括：腸胃不適和情緒起伏。有些研究發現，短期使用阿托莫西汀會輕微增加自殺風險 0.4%。

部分 ADHD 的患者並不適合使用這些藥物，例如患有先天性心臟病、嚴重焦慮症、抑鬱症、青光眼、高血壓、心律不正、抽動症、甲狀腺功能亢進。上述藥物全部都屬於受管制藥物，需要醫生處方及監察使用。

6 歲或以上而徵狀比較嚴重的患者，藥物治療能有效改善專注力，減低過度活躍及衝動等徵狀。而兒童的行為，尤其學習上的問題及反叛性的行為，必須配合適當的行為治療，針對性的教學方法，及家長有效的管教方法去改善。根據研究，藥物及行為合併治療為最有效的治療方法，而兩者合併的治療效果比只用其中一種方法優勝。

6 歲以下的兒童，由於未有太多大型研究及數據支持藥物治療用於這個年齡層，行為治療為主要治療方案，目標是鼓勵良好行為、訓練情緒管理技巧、提升人際關係技巧，及提升解難技巧等。行為治療亦要配合家長的正面和有效的管教技巧，以及老師在學校的適當教學策略。例如：活動前給予清晰目標及指引；把工作步驟拆開；步驟之間給予適當的休息時間；持續鼓勵及予以讚賞；工作或活動時減低外界或周邊的干擾，避免造成分心的機會。課堂上，老師可安排孩子的座位較為接近老師，多給予口頭或視覺提示，或安排能給予孩子提點的同學坐在附近。老師亦可安排一些小任務給孩子，讓他們更投入課堂及增加自信心。嚴重個案而行為治療未能有效改善徵狀，則可能需要加上藥物治療。

如小朋友並不屬於 ADHD 的患者，他們不專心學習的原因有別於 ADHD 患者，並不是因為腦內神經傳遞物質失衡。這些小朋友的學習情況並不會因為服用這類藥物而得到改善，服用這類藥物亦有機會產生副作用，因此家長絕對不應自行讓小朋友服用這類藥物。孩子學習進度不理想，或有學習障礙，有機會因為其他因素造成，例如情緒問題、讀寫障礙。如孩子有學習困難，應盡早尋求專業人士的意見。

32. 小朋友寫字經常左右倒轉，又常寫錯筆畫，他是否患有讀寫障礙？孩子最早何時可以接受檢查？

林嘉儀醫生

小朋友初期接觸文字，偶然可能出現寫錯筆畫或者左右倒轉，經提點後情況一般會慢慢改善。然而如果情況沒有得到改善，或者出現以下徵狀，便有可能是讀寫障礙的早期表現。一般讀寫障礙的早期症狀包括：

- 容易忘記剛學過的英文字母、數字或簡單詞語
- 閱讀文字時欠缺流暢
- 容易混淆讀音、字形或意思相類似的詞語
- 認讀及默寫文字困難
- 容易出現筆順不正確
- 容易將文字的左右部件倒轉書寫，即「鏡面字」
- 閱讀文章時，即使能認讀文字，未必能完全理解文章的內容

讀寫障礙是由於腦部結構及功能出現差異而導致的一種先天性特殊學習障礙。讀寫障礙並非由於智力障礙或感官功能問題導致。要有效地「認」、「讀」文字，首先要認知文字的字形，並同時掌握文字的讀音，然後再理解文字所表達的意義，即所謂字的「形、音、義」。患有讀寫障礙的兒童，以上的功能出現不協調及困難，造成對理解文字的「形、音、義」出現不同程度的障礙。這些障礙，亦令兒童對文章的理解出現困難，漸漸讓兒童對閱讀及學習失去興趣。

根據香港衛生署的資料顯示，約有 9.7% - 12.6% 的學童患有讀寫障礙。當中約七成屬輕微程度，兩成為中等程度，餘下一成則屬嚴重程度。

如果家長發現小朋友於幼稚園階段已出現讀寫障礙的徵狀，可經由兒科醫生或臨牀心理學家進行及早識別評估。讀寫障礙及早識別評估適合就讀幼稚園低至高班，懷疑讀寫障礙的個案。如經過評估後證實屬懷疑讀寫障礙個案，可盡早安排適切的訓練，以減低孩子在學習上的困難。社會福利署的學前兒童復康服務（早期訓練教育中心或到校服務），亦可為孩子安排合適的輔導及調適。服務需經由兒科醫生或心理學家作詳細評估後轉介輪候。中小學生可經由教育局或私人教育心理學家進行讀寫障礙評估。如孩子確診讀寫障礙，教育局亦會支援學校對學生的個別教學方法，並對其學習環境及考試作出調適。

建議家長可幫助患有讀寫障礙的兒童，多鞏固對字形結構、讀音及字義方面的印象。例如從遊戲中或日常生活中多練習，並加入其他感官元素輔助學習，以增加趣味性，從而提升孩子對閱讀的興趣。

33. 女兒 7 歲已經較同齡高大，最近更發現胸部有發育迹象，快高長大是好事嗎？

徐梓筠醫生

天下父母也祈求自己的子女身體健康、快高長大。不過若果快高長大來得太快、太早，也未必是一件好事。那麼孩子發育何謂過早？何謂正常？

根據香港衛生署 2022 年的參考資料，女孩子青春期會在 7 至 13 歲之間出現，而男孩子則出現在 9 至 14 歲。女孩子青春期發育的最早表現徵象是乳房發育：乳頭會首先凸起，乳暈和乳房隨後漸漸增大。而男孩子發育的最先表現徵象，並不是坊間所流傳的喉核凸出、聲音變調，他們的第一性徵是睾丸的發育。所以男孩子開初發育的時候是比較難察覺。如果女孩子在 7 至 8 歲之前已經出現第一性徵或者在 10 歲前出現第一次月經（初經），而男孩子在 9 歲之前已經有睾丸發育的迹象，便可能是「性早熟」。

談到青春期，大家也會聯想到「飆高」。不過孩子的最終身高，有接近八成是受遺傳因素影響。所以如果父母並不高大，而女兒 7 歲卻比同齡高大，並且有發育的迹象，就有很大機會是提早發育（性早熟）。提早發育雖然不會引致危害生命的併發症，但性早熟會導致骨骼年齡加速成熟，生長板提早閉合。提早發育的小朋友的身高在最初階段會超越同年紀的孩子，但是因為生長板過早閉合，他們成年時的最終身高會相對矮小。

除了身高以外，性早熟也可能影響小朋友的心理健康。他們會察覺到自己的身體出現變化，與其他小朋友不一樣，繼而產生憂慮不安的情緒。女孩子的初經可能會過早出現（例如：10 歲前已有初經），年紀太小未必懂得如何去處理和適應月事。而男孩子則可能未懂得處理勃起的情況，有機會在公眾場所衝動用手弄私處。

雖然大多數早熟的個案也和遺傳、飲食習慣及環境因素有關，不過有小部分也是有病理的原因（例如：內分泌疾病、腦部疾病、腫瘤等），所以性早熟是一個不容忽視的問題。若果家長發現子女過早出現第二性徵，必須盡早帶小朋友看兒科醫生作詳細檢查。

34. 女孩子性早熟與進食過多雞蛋及飲豆漿有關係嗎？

徐梓筠醫生

除了遺傳因素、肥胖過重可以導致兒童提早發育，環境荷爾蒙和攝取含有過高雌激素的食物也有機會引致性早熟。因此坊間傳言，雞蛋和豆漿等食物會造成性早熟，這是真的嗎？

雞蛋和豆漿的共通之處，便是它們同是含有豐富蛋白質的食物，而且在日常生活中容易接觸到。

先說豆類製品，不是所有豆類也含有豐富的蛋白質，例如綠豆和紅豆，他們的主要成分是澱粉，而黃豆、黑豆和毛豆等，才能夠提供較高的優質蛋白質。不少家長擔心豆漿會造成性早熟，因為豆漿的原材料是黃豆，而黃豆含有的成分之一是異黃酮 (Isoflavones)，屬於植物性雌激素。不少研究顯示，正常食用分量並不會引致提早發育。反之，根據內地在 2022 年發表的一篇相關學術研究，他們用問卷調查了4,781位6至8歲兒童的飲食，結果發現不論男女性別，豆類製品攝取量較高的組別（平均每天兩杯豆漿），提早發育的風險都有降低的現象。

那麼雞蛋呢？雞蛋除了含有豐富的蛋白質，幫助兒童的成長，它們也擁有多種維他命和營養素，對於穩定情緒、腦部發展和視力也有一定的幫助。事實上，在五十年代，家禽業的確曾經使用人造雌激素加速雞隻的生長，當中包括二苯乙烯類激素（例如己烯雌酚 Diethylstilbestrol 、己烷雌酚 Hexestrol）。

而這些激素可隨着食物鏈進入人體。不過，己烯雌酚在 1987 年經國際癌症研究機構評估為人類致癌物質 ，因此現時中國 、澳洲、歐洲和美國等地均已禁止對家禽使用。而香港政府相關部門一直在本地家禽養殖場，以及進口、批發及零售層面作抽樣測試，以確保家禽及其產品可供安全食用，所以家長在購買家禽及家禽產品時必須光顧可靠的供應商。不過雞蛋本身亦含有少量天然激素，人體可以將其消化分解，只要不是過量進食，對身體是百利無害。

總括而言，在均衡飲食、正常分量食用的情況下，雞蛋和豆漿並不會導致提早發育；相反，它們是優質蛋白質的來源，蛋白質在兒童成長中是不可缺少的元素。

35. 孩子與同班同學比較身形一直較為矮小，怎樣才知道他是較遲發育還是缺乏生長激素？

徐梓筠醫生

池發鈺今年 7 歲就讀小學二年級，他出生時候的身長在生長線的 25% - 50%。不過到了 3 歲過後，他的高度便漸漸回落至 3% - 10%，然後繼續沿着 3% - 10% 生長線生長。他的父母個子並不矮，所以很是擔心。在諮詢下，得知小朋友的爸爸小時候有遲「飆高」的狀況，而小朋友的骨齡比真實年齡小，而且血液報告也全部正常，所以池發鈺的問題相信是發育遲緩 (Constitutional Delay in Growth and Puberty)。小朋友暫時毋須接受治療，但是需要約每 4 至 6 個月複診，跟進發育的狀況。

另一個類似的個案，蔣午高今年也是 7 歲，他出生時候的身長在生長線的 10 - 25%。但是到了 3 歲過後，高度漸漸回落至 3% - 10%，甚至愈來愈遠離 3% 的生長線。父母屬於中等身材，沒有特別的家族病歷。除了小朋友的骨齡比真實年齡小外，他生長速度每年亦少於 4 厘米，驗血報告顯示胰島素樣生長因子（IGF-1）偏低，所以小朋友需要接受生長激素測試檢查。最後確定了蔣午高小朋友是患上「生長激素缺乏症」(Growth Hormone Deficiency)，需要長期接受生長激素治療。

以上兩個個案情況有點相似，兩個小朋友同樣是身材矮小和骨零偏小，但是兩者最後的診斷卻截然不同。前者不需要任何治療，後者卻建議愈早開始治療愈好。

家長必須要了解小朋友的每個生長階段

小朋友的成長有三個階段，分別是幼兒期、童年期以及青春期，成長速度在每個階段會有所不同。幼兒期一般是指在媽媽的肚內開始直到兩歲，生長速度主要受到營養所影響。到了童年時期便受荷爾蒙所影響，例如生長激素和甲狀腺荷爾蒙。而到了青春期，生長激素、甲狀腺荷爾蒙以及性腺荷爾蒙則主宰着這幾年的發育。所以生長激素缺乏的小朋友，往往在起初頭兩至三年難以察覺得到。

什麼是生長激素？一定要抽血檢查嗎？

生長激素是由腦下垂體前葉所分泌的荷爾蒙，隨着血液流動到全身各種器官。生長激素除了有助骨骼生長，還能夠幫助骨質密度，使肌肉量增加，並且促進脂肪的新陳代謝。由於生長激素的分泌是透過脈衝式分泌，並且主要在夜間進行，所以是無法靠隨機抽血來判斷身體分泌生長激素的情況，必須做「生長激素激發測試」。這是透過藥物刺激，來查明究竟生長激素分泌是否正常。

不過，不是每一個個案也需要做這個激發測試，但是一些基本的抽血檢查，包括某些內分泌項目還是建議的。目的是要找出小朋友矮小，除了遺傳和發育緩慢以外的其他因素，然後對症下藥。

由此可見，不是單憑臨牀檢查便能夠清楚分辨誰是發育緩慢，誰是生長激素缺乏，必須依靠詳細的病歷、X 光檢查和抽血化驗，才能夠作出正確的診斷。

36. 聽說有「增高針」可幫助小朋友長高，是真的嗎？有副作用嗎？

陳延珮醫生

該不該給孩子施打俗稱「增高針」的生長激素一直是許多家長的疑問，特別是對長得不高的孩子來說，家長更是希望能藉由施打生長激素來幫助孩子長高。要解答這個問題，先要明白什麼是正常生長和生長激素。

兒童生長主要是由腦下垂體前葉所分泌的生長激素控制，生長激素可以刺激骨骼生長、提升骨質密度、使肌肉量增加、促進脂肪代謝。生長激素一般在晚上熟睡時分泌，所以睡眠質素好、均衡飲食、營養足夠和適量運動，都有助刺激身體長高。

正常生長

出生至 1 歲的嬰兒，一年內增高可逾 20 厘米，之後增幅逐步遞減。一般來說，兒童在 4 歲後每年長高約 5 厘米，青春期時會有突發性增高，直到生長板完全閉合為止。因此每年為孩子的身高體重做紀錄非常重要，家長只要了解到孩子是按着生長曲線圖增高，便毋須過慮，若是發現孩子的身高比同性別、同年齡的兒童來得矮小，身高落在兒童生長曲線圖中第三百分位以下，且生長速率一年少於 4 厘米，便要盡早找醫生檢查。

矮小的原因和檢查

導致孩子長得矮小的主要原因可以分為非病理性或病理性因素。

非病理性因素包括：遺傳、父母的體型、性成熟的遲或早、發育遲緩及不明原因矮小症。 而病理性因素則包括：出生時體重少於胎齡的嬰兒、營養不良、患有長期疾病（如慢性腎衰竭）、患有基因或染色體變異，及患有內分泌疾病（如甲狀腺功能不足）或生長激素缺乏症等。

醫生會經過問診和身體檢查，配合血液檢驗、骨齡 X 光檢查，必要時還會安排生長激素刺激測驗、腦部影像檢查、染色體檢查等，以幫助鑑別診斷。

生長激素缺乏症

生長激素由腦下垂體前葉分泌，「兒童生長激素缺乏症」可能是因為遺傳、腦部構造異常、放射治療等因素，造成生長激素分泌過少。罹患兒童生長激素缺乏症的小朋友，會出現生長遲緩、身材矮小、肌肉無力、骨質疏鬆、牙齒發育較慢、運動能力較差的情況。

補充生長激素

現時美國食品藥物管理局（FDA）已核准生長激素應用於治療生長激素缺乏症、特納氏綜合症、普瑞德威利症候群、矮小基因缺失症 (SHOX Deficiency)，以及因慢性腎衰竭、不明原因矮小症和出生少於胎齡而長得較矮少的小朋友，幫助他們成年身高正常化。補充生長激素是利用皮下注射的方式，每天晚上進行，在經過醫療團隊的指導後，家中成員便可以幫忙注射生長激素。

生長激素用於治療矮小症已有 30 多年歷史，它們的療效和副作用也有足夠的科學研究。有小部分小朋友會出現不良副作用，例如頭痛、關節痛、水腫、高血糖等，有些可能會出現良性顱內高壓而引致頭痛和嘔吐的症狀。這些副作用一般在停止治療後便會消失。不過也有非常罕見但嚴重的情況，如股骨頭骨骺滑脫，那便需要手術治療。不過總括而言，一般注射生長激素來治療矮小症也是安全的。但是在使用生長激素之前，必須經過醫生的詳細評估，再決定是否適合治療。而且還必須配合正確的運動、睡眠、營養等重要習慣，才可以達到理想的治療效果。

⚠ **提醒您：** 生長激素治療的成效與生長板有關，愈早治療，癒後愈好，等到生長板完全閉合後，便無法繼續長高。如果發現孩子的身高比同年齡小朋友矮小，一定要盡快讓醫生評估，把握成長關鍵黃金期。

37. 父母本身不算高，小朋友亦較同齡矮小。除「增高針」外，還有什麼方法可以增高？補充鈣質或維他命有用嗎？

陳延珮醫生

影響小朋友身高的因素可以分為先天和後天兩部分。先天因素即遺傳，小朋友的身高約有 70% 是受父母的遺傳基因所影響。如果小朋友父母或家族的身高比較矮小，其天生身高多數也會較為矮小。另外，有些先天性疾病，例如侏儒症、普瑞德威利症候群、地中海貧血症及慢性腎衰竭等，也會導致孩子身形偏矮。

雖然遺傳已大致決定了孩子的身高，但後天因素，如均衡的飲食、適量的運動及充足的睡眠，都可以幫助發揮小朋友的生長潛力，家長們值得留意。

鈣質和維他命 D

要讓小朋友增高，骨骼和肌肉的發展都非常重要。很多家長以為孩子長高全都是靠吸收鈣質，但其實蛋白質、維他命和礦物質對孩子長高同樣重要。而且鈣質只會讓骨質密度增加和骨骼發育更健康，過多的鈣質並不能讓骨頭變得更長。所以爸爸媽媽只需要在日常生活中確保孩子進食足夠的鈣質就可以了。兒童每日最少應攝取兩份奶類或代替品，如高鈣牛奶、加鈣豆漿、芝士或乳酪等。同時亦應多吃鈣質豐富的食物，如菠菜和豆腐。

另外，如果沒有攝取足夠的維他命 D，人體便無法從飲食中攝取足夠的鈣。在這種情況下，身體不得不消耗自身骨骼中儲存的鈣，以獲得足夠的鈣。這種消耗會使骨骼變得脆弱，並妨礙健康的新骨骼形成，因此要讓身體夠鈣，除了平時要從飲食中攝取鈣質外，同時亦要攝取足夠的維他命 D。油性魚如三文魚、鯖魚、沙甸魚等，奶類、肝臟、蛋黃、蘑菇都含有維他命 D。

陽光的紫外線照射人體，也會形成維他命 D。建議家長可以讓小朋友每星期兩至三次在戶外的陽光下運動，例如踩單車、打籃球、游泳、踢足球等。一方面促進皮膚合成維他命 D，幫助鈣質吸收；另一方面亦能夠分泌更多生長激素，小朋友亦能有較好的睡眠質量。

除非是先天或遺傳性疾病造成嚴重缺少鈣或維他命 D，導致佝僂症引起的身材矮小，不然一般不需要額外補充鈣片及維他命 D，如果身體含有過多鈣，反而容易出現便秘、尿路結石等不良現象。

少吃精製食品

精製加工食品如甜點、汽水和果汁等，這些含糖分較多的食物和飲料無法為人體帶來太多營養價值，而過多糖分會阻礙鈣質的吸收，影響骨骼的發育，所以父母應該盡量避免讓孩子進食這些食品。

充足睡眠

生長激素能促進骨骼和肌肉的生長發育，充足的睡眠有助生長激素分泌。假若孩子沒有足夠的睡眠時間，他們的生長激素分泌量便會較少，從而影響發育。所以，世界衛生組織建議小朋友每天應睡覺至少 8 至 10 小時。晚上 10 時至翌日凌晨 2 時，為兒童生長激素分泌的高峰期，因此建議小朋友應於晚上 10 時前就寢。

第四章

過敏疾病篇

38. 寶寶有濕疹問題，他還在全母乳餵哺時期，媽媽需要戒口嗎？有什麼方法能知道他對哪種食物敏感？

胡振斌醫生

如果寶寶患有濕疹，全母乳餵哺是首選的進食方法。至於媽媽所進食的食物種類，是否會影響寶寶濕疹的嚴重性，到目前為止，未有足夠的醫學科研數據去解答這個問題。如果大家上網找尋資料，不難發現部分餵母乳網頁或一些醫學權威的網頁，都會提及一些食物可能會影響寶寶濕疹狀況，而建議避免在母親的飲食餐單內。這些食物包括牛奶及牛乳製成品、蛋、堅果類食物及花生、海鮮如蜆和魚等。但這些建議，暫時都缺乏有力的醫學科研數據支持。相反，兩份大型的英國醫學研究，LEAP Study 及 EAT Study 指出如果提早加入一些容易致敏的食物，如花生、蛋及魚在寶寶副食內，會有減少長大後對這些食物產生嚴重過敏反應的好處。所以，母乳餵哺有濕疹的寶寶，媽媽是否應該對某些食物戒口，仍然沒有一個肯定的答案。在筆者多年治療寶寶濕疹的經驗裏，也見過一些例子，媽媽觀察到如果進食了某些食物，寶寶的濕疹會變得嚴重；相反，戒掉某些食物則會減輕寶寶濕疹的情況。所以我的建議是全母乳餵哺患有濕疹寶寶的媽媽，不妨試試戒掉某些食物來看看是否對寶寶的濕疹有幫助，可以先跟兒科醫生商討後才進行。建議一段時間內只選擇一種食物，因為戒掉的食物種類太多，也會影響到媽媽的營養吸收。

其實食物敏感是指身體對一般無害的食物出現異常的反應，是一種免疫系統紊亂的情況。在香港，常見的食物致敏原包括：奶類、蛋類、魚類、甲殼類海鮮、堅果類及花生等。其中，甲殼類海鮮是亞洲地區（包括香港）最常見的食物致敏原。

常見的過敏症狀包括：皮膚痕癢、紅疹、蕁麻疹（俗稱風赧）；口唇、眼，甚至面部腫脹；也會出現嘔吐、腹瀉及肚痛。嚴重的會出現過敏性休克，症狀包括：面色蒼白及乏力，呼吸出現困難，嚴重咳嗽，咽喉腫脹及喘鳴，甚至失去知覺。

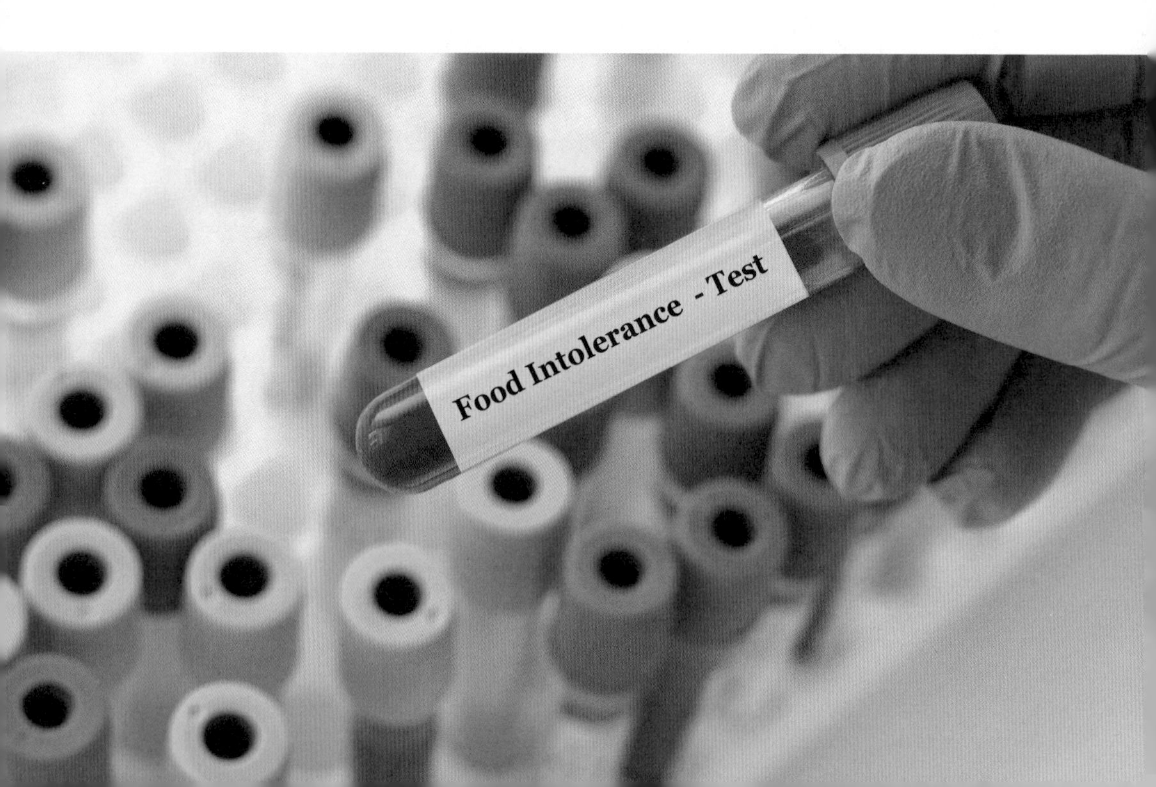

要診斷食物過敏，一般需要從家長方面得到詳細的過敏反應病史，有需要的話會進行一些檢測來幫助找出致敏原，例如皮膚點刺測試 (Skin Prick Test)、免疫球蛋白 E (IgE) 抗體血液測試 (Allergen-specific IgE Test) 及食物激發測試 (Oral Food Challenge)。

順帶一提，IgG 延遲性食物過敏測試並不能用作診斷食物過敏。因為 IgG 抗體是身體對外來物質所產生的正常反應，因此與身體是否對該食物過敏沒有關係，對尋找食物過敏原方面沒有幫助。

39. 小朋友對塵蟎及狗毛敏感，有什麼方法可以幫助他？

胡振斌醫生

先解釋一下什麼是「塵蟎」。塵蟎是一種八足蜘蛛綱動物，牠們脫落的外殼及排泄物都是空氣致敏原 (Aeroallergen)。塵蟎以動物的皮膚鱗片為食物，喜愛濕度高、溫暖、陰暗的地方。所以在多皮屑的地方，例如睡牀及梳化，很容易找到牠們的蹤影。

對塵蟎敏感，最常出現在患有濕疹、鼻敏感及氣管敏感的病人身上。如患有這些敏感症狀的病人，病情持續、嚴重或難受到藥物控制，應該考慮是否因塵蟎敏感所引致。塵蟎敏感診斷可以選擇皮膚點刺測試 (Skin Prick Test) 或免疫球蛋白 E (IgE) 抗體血液測試 (Allergen-specific IgE Test) 來進行。

處理塵蟎敏感可分為兩方面：

(1) 避免過敏原及實施環境控制措施方面

首先在家中要進行塵蟎消滅措施。建議選用一些防塵蟎的寢具，例如牀墊、枕頭套和被套，並用 60°C以上的熱水來清洗牀上用品。盡量不要使用地毯及布質窗簾，並應經常吸塵。

(2) 藥物方面

可以諮詢兒科醫生關於針對塵蟎的免疫療法（脫敏治療），如舌下服用 （SLIT） 或皮下注射（SCIT） 。

至於對寵物敏感，常見的誤解是動物的毛會引發過敏症狀。但實際上動物的皮屑、唾液及尿液的一種蛋白質才是罪魁禍首，這些蛋白質會停留在動物的毛髮上面一段頗長的時間。除此之外，也會停留在空氣中數小時，可以在動物離開房間一段時間後仍然引起症狀。小動物的皮屑可積聚在家具、地毯、牀上用品或衣物上，因此養寵物的人可能會在不知不覺間把致敏原帶到其他地方。有一點大家要注意，如果懷疑自己對寵物敏感，有可能寵物不是唯一引致症狀的原因，因為有些人會同時對寵物及其他致敏原如塵蟎敏感。如上述提及，可以做皮膚點刺測試或免疫球蛋白 E (IgE) 抗體血液測試來確定致敏原。

處理動物敏感可分為三方面：

(1) 避免過敏原及實施環境控制措施方面

例如限制寵物進入卧室，盡量不使用地毯及選用一些容易清潔表面的家具。可以考慮購買有高效率空氣微粒子（HEPA）濾網的空氣清新機和經常使用吸塵機。另外，也建議每周用温水和肥皂為寵物洗澡。

(2) 藥物方面

口服抗組織胺可以減輕鼻敏感、眼睛痕癢及蕁麻疹的症狀。皮膚出現紅疹時，也可短暫局部使用類固醇藥膏來減輕症狀。

(3) 免疫治療方面

又稱「脫敏治療」，如果敏感症狀嚴重而持久，又不想放棄家中小寵物，就要考慮這個治療方法。但治療時間頗長，需時 3 至 5 年。

40. 什麼是「脫敏治療」？是否可以永久脫離敏感？

胡振斌醫生

「脫敏治療」是一種免疫療法，是透過誘導、增強或抑制免疫反應來改變免疫系統的治療方法。

在過敏性疾病中，過敏原會令身體免疫系統產生不正常的反應，因此有敏感症狀的出現。脫敏治療目的就是調節這種不良反應。接受脫敏治療期間，病人會在醫生監察下，服用逐漸增加劑量的過敏原。視乎個別病人的反應和病情，整個療程需時大概 3 至 5 年。

在治療過程中，身體的免疫系統會有複雜的轉變，例如血液裏的免疫球蛋白 E（IgE）水平最初升高然後降低，免疫球蛋白 G（IgG）水平增加並維持在高水平，及血清和分泌物中免疫球蛋白 A（IgA）水平升高等。T 細胞在治療後也會對過敏原的耐受性提高。這些免疫變化會讓身體對過敏原脫敏，即是患者下次接觸過敏原時出現的症狀會明顯減少。

過敏原提取物通常透過皮下注射或舌下含服兩種方法來進行治療。皮下注射免疫療法（SCIT）是將含有過敏原的注射劑注射到皮膚下方。至於舌下免疫療法（SLIT），過敏原會以溶液或可溶解片劑的形式擺放於口腔黏膜或舌下，含在嘴裏幾分鐘，然後吞嚥。相對於注射免疫療法，舌下免疫療法比較安全及方便，病人可以在家服用藥物。

脫敏治療適用於敏感症，如嚴重的鼻敏感、哮喘及濕疹。開始接受治療前，患者要經過過敏原檢測（例如皮膚點刺試驗或 IgE 抗體血液測試）來鎖定過敏原。患有嚴重濕疹，接受外敷及口服藥物也無法控制的病人，可以考慮使用這治療方法。對於患有慢性蕁麻疹並能鎖定過敏原的病人，也可以選擇脫敏治療來紓緩病情。

41. 聽說有治療濕疹的針可以打？是疫苗嗎？治療時間長嗎？

胡振斌醫生

我們常說的濕疹，醫學上正確名稱是「異位性皮膚炎」。為了方便，以下會以「濕疹」代稱。

濕疹是一種慢性的皮膚炎症。成因主要是身體免疫力失調，加上外來環境的刺激引致。輕微的病徵，包括皮膚乾燥、出紅疹及痕癢。嚴重的可以影響身體各個部位，範圍變大，嚴重痕癢，出現破損，甚至有併發症如細菌或病毒感染。除了皮膚上的症狀外，嚴重的濕疹更會影響病者的睡眠質素、情緒及心理健康。

根據統計顯示，全球兒童受濕疹影響的多達 20% - 30%。在香港，患有濕疹的兒童大約 4%，其中大概五分之一從幼兒時期開始有濕疹的小朋友，會延至青春期，甚至成人階段。

治療方面，主要靠保濕膏及外用的藥膏，包括鈣調神經磷酸酶制劑 (Topical Calcineurin Inhibitor)、磷酸雙酯酶 4 型抑制劑 (PDE4-Inhibitor) 及類固醇藥膏。嚴重的患者甚至需要口服類固醇或其他控制免疫力的藥物，接受紫外光治療及使用近年才出現的生物製劑。

強力的類固醇藥膏、口服類固醇及其他控制免疫力的藥物雖然治療效果理想，但副作用也多，不是長期治療的理想選擇。生物製劑的出現，是對患有慢性中度及嚴重濕疹的病人一個喜訊。

生物製劑不是疫苗。要了解它在治療濕疹的角色，讓我們先了解一下濕疹的機理。簡單來說，濕疹患者免疫系統內的發炎物質 IL-4 及 IL-13 的受體被過度活化，而引致多種發炎路徑的啟動。

生物製劑 Dupilumab 可以阻斷 IL-4 及 IL-13 的受體，從而阻止發炎路徑的擴展，達到控制發炎的作用。Dupilumab 是現在唯一一種被認可治療中度及嚴重濕疹有良好效果的注射用生物製劑，於 2017 年美國 FDA 批准在成人身上使用，並經過第三期的臨牀試驗，證實效果理想及副作用少，並在 2022 年 6 月批准用於 6 個月以上的小童身上。

視乎患濕疹小朋友的年齡及體重，接受 Dupilumab 的治療方式是每兩星期或四星期進行皮下注射一次。一般開始療程後大概 2 至 4 個月皮膚會有明顯改善。副作用方面包括注射部位會出現短暫的輕微紅腫；有部分病人會出現結膜炎，但症狀通常都是輕微，用人工淚液會逐漸紓緩。用生物製劑治療，還需要擔心的是增加感染的風險。但根據研究數字，使用 Dupilumab 後的感染機率沒有上升。

總結，Dupilumab 的出現，為患中度及嚴重濕疹的病人帶來另一個安全而有效的治療選擇。

42. 治療濕疹若不使用類固醇藥膏的話，還有其他方法嗎？

陳亦俊醫生

濕疹是一種兒童常見的皮膚疾病。濕疹引致皮膚痕癢、乾燥、發紅，並有發炎情況。濕疹影響位置一般出現在臉頰、額頭、軀幹、四肢、手肘內側和膝蓋後方等。濕疹是一個長期疾病，患者一般會反覆發作，令皮膚變差，長遠皮膚可能會變厚、變得深色、結痂。長期患濕疹的兒童容易因為皮膚痕癢而影響睡眠質素，對成長發展帶來負面影響。

濕疹成因包括先天和後天因素。先天因素包括受基因影響令身體先天缺乏自行製造保護性油脂的機能，令修護皮膚功能變弱，皮膚屏障易遭破壞，因而容易誘發濕疹。此外，基因影響免疫功能，令皮膚對一些外界的致敏原或刺激物有過大反應，也較容易出現濕疹。後天因素則包括接觸性致敏原、食物致敏原，以及一些刺激原等。

現時醫學上並無根治濕疹的藥物，但有安全可靠控制濕疹的療法。使用潤膚膏是治療濕疹的基礎，潤膚膏可加強皮膚屏障，防止致敏原或細菌入侵，減慢水分揮發，減低過敏反應及細菌感染的風險。潤膚膏亦可鎖水及潤滑皮膚，有助水分留在皮膚之中，紓緩乾燥痕癢。

醫生會根據患者病情處方藥物治療，例如非類固醇藥膏或類固醇藥膏，抑制皮膚的免疫系統，減輕皮膚內的炎症。鈣調神經磷酸酶制劑藥膏 (Topical Calcineurin Inhibitor) 是非類固醇藥膏，可用以調低免疫系統的過敏反應，適用於兩歲或以上兒童。近年，研究發現濕疹令皮膚發炎的原因，與細胞中磷酸雙酯酶 4 型 (PDE4) 過度激活有關。磷酸雙酯酶 4 型抑制劑是另一類別的非類固醇藥膏，透過阻止細胞中 PDE4 過度激活，從內層抑制皮膚發炎，適用於 3 個月或以上兒童。因其分子細小，能快速滲入皮膚，並可安全用於身體各部分，連皮膚較薄的位置，如面、頸及眼皮等也可使用。此藥膏主要適用於輕度至中度濕疹患者，由於不含類固醇，且副作用少，故適合長期使用。

類固醇藥膏強弱程度分多種等級，按患者個別需要而處方，可用於較為嚴重的濕疹患者上。假如使用非類固醇藥膏或類固醇藥膏後仍然無法控制病情，便可能需要其他治療，包括口服抗敏藥物（如抗組織胺）、脫敏治療、紫外光治療或生物製劑。

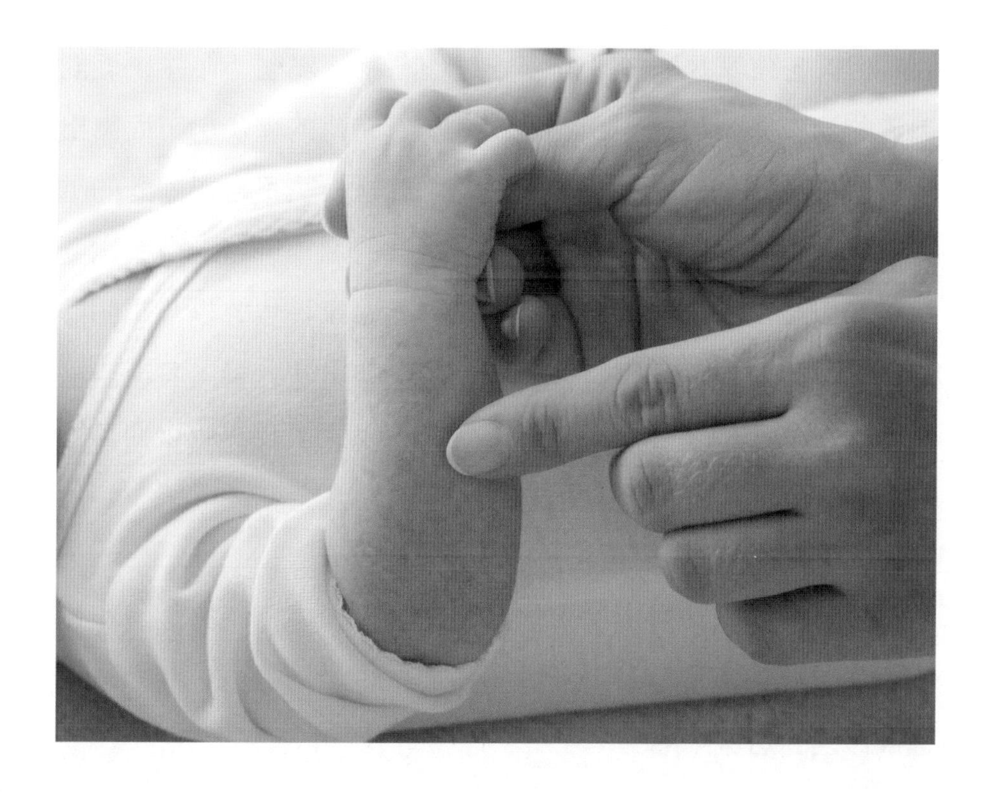

43. 使用類固醇藥膏或潤膚膏，要用多少才算足夠？

徐梓筠醫生

相信各位家長對於「濕疹」這個名字一點也不陌生，而對濕疹的治療方法可能也耳熟能詳。隨着時代的進步，市面上出現了很多高效能的潤膚膏、保濕霜，或是一些不含類固醇的處方藥物。儘管如此，有很多中度至嚴重的濕疹患者，還是需要用上類固醇藥膏來控制和穩定病情。不少家長也會擔心類固醇藥膏潛藏的副作用，而自行調節使用的次數和分量。有一些家長則明白濕疹的炎症是必須盡早控制，以免蔓延，所以便自行在藥房購買類固醇藥膏並胡亂使用。

那麼類固醇藥膏用多少才足夠呢？只有在正確的劑量和使用方法下，類固醇藥膏引致的副作用才會減到最低，而同時間達到最佳的治療效果。

「手指頭單位」(Finger Tip Unit) 作為類固醇藥膏使用分量的指引源於英國。以成人食指手指頭和原支藥膏開口為 5 毫米作參考，藥膏沿着食指指尖開始擠出至手指的第一節作結。這個分量的藥膏可以足夠覆蓋成人兩隻手掌（5 隻手指緊貼和掌心）的皮膚範圍。而這一個手指頭單位，大約相等於 0.5 克藥膏的分量。這種計算方法也適用在嬰兒和小朋友身上，同樣是以成人手指和手掌作為參考。所以 4 個月大的初生嬰兒，如果他的臉上和頸部也有濕疹，所需要的類固醇藥膏分量應該為一個單位的手指頭分量（約 0.5 克）。

1 個手指頭單位 (FTU)

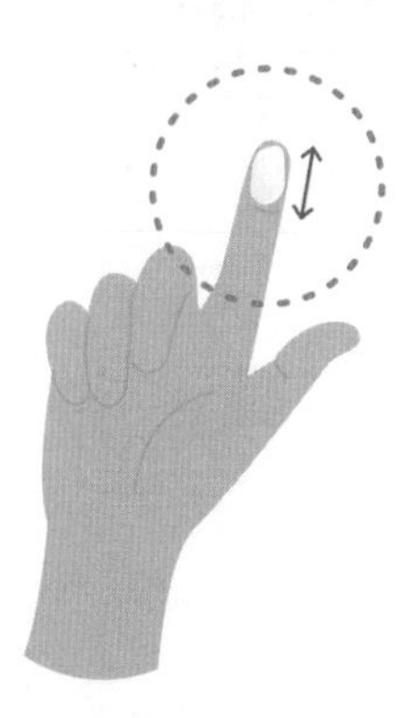

測量方法：

從手指頭到食指的第一關節

- **1 FTU 分量足以塗抹成人的雙掌（手指拍齊）範圍**
- **適用於護膚膏、軟膏或藥膏：1 FTU 約等於 0.5 克**

那麼潤膚膏呢？每天應該用上多少分量？雖然潤膚膏不能像藥膏那樣準確擠出所需分量，但是塗多了又沒有大問題，反而是擔心使用分量和次數過少，影響皮膚保濕的效果。就以一個 18 個月大的小朋友作例子，假設潤膚膏要由頭到腳全身塗上，總共需要 10 個手指頭分量（10 × 0.5 克 = 5 克）的潤膚膏。而潤膚膏需要每天用兩次的話，即每日需要使用 10 克的分量。所以一支 200 毫升的潤膚膏，如果分量使用正確，大約應

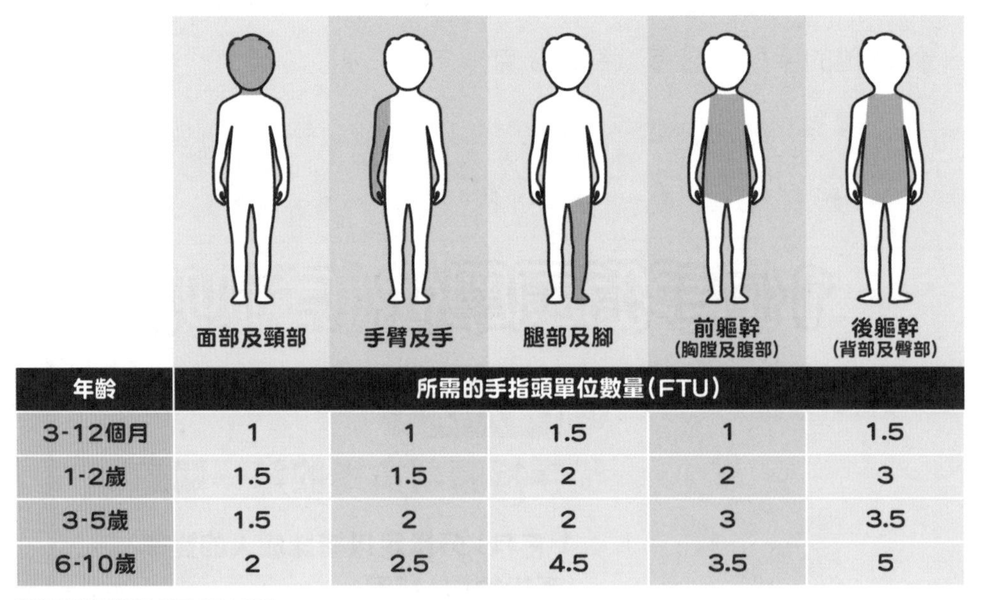

	面部及頸部	手臂及手	腿部及腳	前軀幹 (胸膛及腹部)	後軀幹 (背部及臀部)
年齡	所需的手指頭單位數量(FTU)				
3-12個月	1	1	1.5	1	1.5
1-2歲	1.5	1.5	2	2	3
3-5歲	1.5	2	2	3	3.5
6-10歲	2	2.5	4.5	3.5	5

兒童不同身體部位所需 FTU 分量
轉載自 National Eczema Society 2020

該 10 天左右會用完一支。因此，如果家中小朋友的濕疹範圍比較廣，而家中 200 毫升的潤膚膏一個月也用不上一支，估計很大機會是使用的分量不足夠了。

應付濕疹雖然是持久戰，但是如果藥物和潤膚膏使用得宜的話，大多數情況也可以在短時間內有明顯改善和穩定下來。

44. 最近孩子身上不時出現一些痕癢無比的紅疹，時出時退，那會是什麼？

陳欣永醫生

蕁麻疹，俗稱「風㿗」，是一種常見於小朋友身上的皮膚問題。患有蕁麻疹的小朋友身上會突然出現痕癢無比的紅疹，看起來像剛被蚊子叮後般，皮膚出現一塊塊像地圖一樣凸起的紅疹。但是紅疹出現快的同時也消退得快，並反覆出現，有可能持續維持數天或數星期以上。嚴重的話甚至會出現眼皮及嘴唇腫脹、四肢腫脹，更可引致氣管收窄並出現氣喘及呼吸困難的情況，需立即送院治理。

當蕁麻疹出現時，大多數父母不期然會聯想是否與過敏有關，反覆思考小朋友曾否進食過如海鮮、花生堅果類等較容易引發敏感的食物，或是未曾接觸過的食物，又或者與其他有可能存在於生活環境中的致敏原如塵蟎、寵物毛髮、皮屑、花粉、黴菌等有關。假若小朋友正在生病的話，父母也會詢問及懷疑是否與服用中的藥物，如抗生素或非類固醇止痛消炎藥等有直接關係。而其他較少見的原因，包括溫度的冷熱變化、陽光，或是否屬皮膚劃紋性蕁麻疹等也會在醫生診斷的考慮範圍。但事實上大部分個案都難以找出實際原因，特別是 1 歲以上較年長的兒童較少是與食物有關連，反而臨牀上兒童蕁麻疹較為常見的因素是與病菌感染有關。因為小朋友的免疫系統尚未完全發展成熟，因此當兒童受到過濾性病毒或細菌感染時，身體除出現如咳嗽、喉嚨痛、發燒或腸胃不適等病徵外，同時間身體的免疫系統也正受刺激而產生對病菌、病毒的抗體，而蕁麻疹往往便是由於免疫系統同時間受病毒影響，產生過敏物質而出現不同程度的過敏反應所致。

蕁麻疹一般根據發作時間分為急性及慢性。急性蕁麻疹發作時間為少於 6 周，兒童蕁麻疹多屬於此類型。慢性蕁麻疹發作時間為多於 6 周，症狀持續反覆出現，一般較難找出誘因，有時候甚至與精神壓力有關。

治療方面以口服抗組織胺為主。抗組織胺可以緩解過敏痕癢症狀，而由於蕁麻疹大多反覆出現，並維持數天至數周時間，因此使用較長效以及不引致嗜睡和疲倦的第二代抗組織胺藥物會較為理想。但若果效果仍未理想，亦可按醫生指示同時使用第一代抗組織胺藥物，或服用短期口服類固醇藥物以控制病情。大部分因感染而引起的兒童蕁麻疹，會隨着免疫系統冷靜下來而慢慢消失，父母需要保持耐性，因為情況大多會自然完全痊癒。

至於生活習慣方面，家長除了留意及避開任何有機會誘發孩子出現蕁麻疹的原因外，亦應讓孩子盡量避免身體過熱。因為過熱的環境會令皮下血管擴張，直接引發更多紅疹，加上熱度會增加皮膚痕癢感覺。因此，患者應避免到戶外曬太陽、流汗、用太熱的水洗澡或浸浴，室內也應使用空調以維持較涼快的溫度。

注意假若孩子發作時病情嚴重並出現嚴重過敏反應，便需立即求診，醫生會為病童注射腎上腺素以作急救用途。若情況持續及反覆，父母也可以考慮為小朋友進行致敏原測試，嘗試找出有可能引發蕁麻疹的原因。

兒難雜症

作　　者：匯兒兒科醫生團隊
助理出版經理：林沛暘
責任編輯：陳志倩、S. Lau
美術設計：張思婷
內頁排版：黃觀山
出　　版：明文出版社
發　　行：明報出版社有限公司
香港柴灣嘉業街 18 號
明報工業中心 A 座 15 樓
電　　話：2595 3215
傳　　真：2898 2646
網　　址：http://books.mingpao.com/
電子郵箱：mpp@mingpao.com
版　　次：二〇二四年七月初版
I S B N：978-988-8829-35-4
承　　印：美雅印刷製本有限公司